高职高专"十二五"规划教材

煤 化 学

邓基芹　于晓荣　武永爱　主编

U0341708

北 京

冶 金 工 业 出 版 社

2023

内 容 提 要

本书内容分为基础理论和实验实训两个模块。基础理论部分介绍了煤的相关术语及换算基准、煤的生成、有机质的结构、外表特征及一般性质，煤的采集和制备、煤的工业分析和元素分析、煤的工艺性质及煤的分类、煤的综合利用等内容。实验实训部分系统介绍了 11 个实用性的实验。

本书可作为高等职业院校煤化工专业以及焦化、城市燃气和煤综合利用专业的教材，也可供相关领域的工程技术人员参考。

图书在版编目(CIP)数据

煤化学/邓基芹，于晓荣，武永爱主编．—北京：冶金工业出版社，2011.2（2023.2 重印）

高职高专"十二五"规划教材

ISBN 978-7-5024-5486-9

Ⅰ.①煤⋯ Ⅱ.①邓⋯ ②于⋯ ③武⋯ Ⅲ.①煤—应用化学—高等学校：技术学校—教材 Ⅳ.①TQ530

中国版本图书馆 CIP 数据核字(2011)第 018234 号

煤化学

出版发行	冶金工业出版社	**电　话**	(010)64027926	
地　址	北京市东城区嵩祝院北巷 39 号	**邮　编**	100009	
网　址	www.mip1953.com	**电子信箱**	service@mip1953.com	

责任编辑　宋　良　任咏玉　美术编辑　彭子赫　版式设计　葛新霞
责任校对　王永欣　责任印制　禹　蕊
北京富资园科技发展有限公司印刷
2011 年 2 月第 1 版，2023 年 2 月第 2 次印刷
787mm×1092mm　1/16；11 印张；265 千字；167 页

定价 25.00 元

投稿电话　(010)64027932　投稿信箱　tougao@cnmip.com.cn
营销中心电话　(010)64044283
冶金工业出版社天猫旗舰店　yjgycbs.tmall.com
(本书如有印装质量问题，本社营销中心负责退换)

前　言

　　煤化学是煤科学的一个分支，中国煤炭资源储量丰富，煤炭资源的利用和发展对中国乃至世界经济发展起到非常重要的作用。因此，煤科学在我国具有重要的地位和良好的应用发展前景。

　　本书是依据教育部对高职高专教育人才培养的指导思想，按照相关行业的实际需要，采用最新国家标准编写的。全书内容分为基础理论和实验实训两个模块。第1~7章为基础理论部分，详细归纳了煤的相关术语及换算基准；综合叙述了煤的生成、有机质的结构、外表特征及一般性质；以最新国家标准为前提，系统阐述了煤的采集和制备、煤的工业分析和元素分析、煤的工艺性质及煤的分类；对煤的综合利用也做了简单的介绍。第8章为实验实训部分，包括11个实验，系统介绍了工业分析与全水分的测定；元素分析中碳和氢含量、全硫含量、氮含量的测定；工艺性质中烟煤黏结指数、胶质层指数、奥阿膨胀度和煤发热量的测定。该部分内容注重基础性与实用性，有助于学生实际操作能力的培养。

　　本书注重实用性，突出应用能力和综合素质的培养，重视学生的实际操作能力的提高，充分体现高职高专教育的职业性特色。内容力求通俗易懂，易教易学，每章后附有复习思考题，便于读者自学，可作为高等职业院校煤化工专业以及焦化、城市燃气和煤综合利用专业的教材，也可供从事煤田地质、开采、焦化、气化、液化工作以及其他煤炭综合利用研究与生产工作的工程技术人员参考。

　　本书由山东工业职业学院邓基芹、于晓荣、武永爱担任主编，第1、3、7章由邓基芹执笔，第2章由张蕾执笔，第4章由武永爱执笔，第5、6章由于晓荣执笔，第8章由武永爱、巩恩辉执笔。

　　本书编写过程中参考了许多文献资料，书后列了主要参考文献。限于编者水平和时间，书中难免有不足与疏漏之处，恳请读者批评指正。

编　者

2010 年 11 月

目　录

1 煤相关术语、基准及符号

学习目标

【1】 了解煤相关术语；

【2】 掌握煤质分析中常用基准和符号。

为统一标准和使用方便，国家标准《煤质及煤分析有关术语》（GB/T 3715—2007）和《煤炭分析试验方法》（GB/T 483—2007）规定了相关的术语、基准及符号。

1.1 煤相关术语

1.1.1 煤产品术语

（1）毛煤（run-of-mine coal）：煤矿生产出来的，未经任何加工处理的煤。

（2）原煤（raw coal）：从毛煤中选出规定粒度的矸石（包括黄铁矿等杂物）以后的煤。

（3）商品煤（commercial coal）：作为商品出售的煤。

（4）精煤（cleaned coal）：煤经精选（干选或湿选）加工生产出来的、符合品质要求的产品。

（5）筛选煤（screened coal）：经过筛选加工的煤。

（6）矸石（refuse；gangue）：采、掘煤炭过程中从顶、底板或煤层夹矸混入煤中的岩石。

（7）中煤（middlings）：煤经精选后得到的、品质介于精煤和矸石之间的产品。

（8）夹矸（dirt ban）：夹在煤层中的岩石。

（9）水煤浆（coal water mixture）：将煤、水和少量添加剂经过物理加工过程制成的具有一定细度、能流动的稳定浆体，简写为 CWM。

1.1.2 煤质分析术语

（1）腐殖酸（humic acid）HA：煤中能溶于稀苛性碱和焦磷酸钠溶液的一组高分子量的多元有机、无定形化合物的混合物。

（2）批（lot）：是指需要进行整体性质测定的一个独立煤量。

（3）采样单元（sampling unit）：从一批煤中采取一个总样的煤量，其单位为 t。一批煤可以是一个或多个采样单元。

（4）子样（increment）：是指采样器具操作一次或截取一次煤流全横截段所采取的一

份样。

（5）初级子样（primary increment）：在采样第 1 阶段，于任何破碎和缩分前采取的子样。缩分后试样为减少试样质量而将之缩分后保留的部分。

（6）总样（gross sample）：是指从一采样单元取出的全部子样合并成的煤样。一个总样的子样数决定煤的品种、采样单元的大小和采样要求的精确度。

（7）分样（partial sample）：由均匀分布于整个采样单元的若干初级子样组成的煤样。

（8）空气干燥状态（air-dried）：煤样在空气中连续干燥 1h 后，煤样的质量变化不超过 0.1% 时，煤样达到空气干燥状态。

（9）一般分析试验煤样（general analysis test sample of coal）：破碎到粒度小于 0.2mm，并达到空气干燥状态，用于大多数物理和化学特性测定的煤样，即空气干燥煤样。

（10）连续采样（continuous sampling）：从每一个采样单元采取一个总样，采样时，子样点呈均匀间隔分布。

（11）间断采样（intermittent sampling）：仅从某几个采样单元采样。

（12）质量基采样（mass-basis sampling）：从煤流或静止煤中采取子样，每个子样的位置用一质量间隔来确定，子样质量固定。

（13）时间基采样（time-basis sampling）：从煤流中采取子样，每个子样的位置用一时间间隔来确定，子样质量与煤流成正比。

（14）全水分煤样（moisture sample of coal）：为测定全水分而专门采取的煤样。

（15）共用煤样（common sample of coal）：为进行多个试验而采取的煤样（如全水分和一般物理、化学特性测定而采取的试样）。

（16）标称最大粒度（nominal top size）：与筛上物累计质量分数最接近（但不大于）5% 的筛子相应的筛孔尺寸。

（17）偏倚（bias）：即系统误差。它导致一系列结果的平均值总是高于或低于同一参比方法得到的值。

（18）重复性限（repeatability limit）：在重复条件下，即在同一试验室中、由同一操作者、用同一仪器、对同一试样在短期内所做的重复测定，所得结果间的差值（在 95% 概率下）的临界值。

（19）再现性临界差（reproducibility critical difference）：在再现条件下，即在不同试验室中、对从试样缩制最后阶段的同一试样中分取出来的、具有代表性的部分所做的重复测定，所得结果的平均值间的差值（在特定概率下）的临界值。

（20）单质硫（elemental sulfur）：又称元素硫，指煤中以游离状态赋存的硫。

（21）浮煤样（float sample of coal）：经一定密度的重液分选，浮在上部的煤样。

（22）沉煤样（sink sample of coal）：经一定密度的重液分选，沉在下部的煤样。

（23）落下强度（shatter strength）：煤炭抗破碎能力的量度，以在规定条件下，一定粒度的煤样自由落下后大于 25mm 的块煤占原煤样的质量分数表示。

（24）塑性（plastic property）：煤在干馏时形成的胶质体的黏稠、流动、透气等性能。

（25）透光率（transmittance）：煤在规定条件下用硝酸与磷酸的混合液处理后所得溶液的透光百分率，本指标适用于褐煤和低煤阶烟煤。

（26）选煤（coal preparation）：将煤炭经机械处理减少非煤物质，并按需要分成不同质量、规格的煤炭产品的加工过程。

（27）煤炭筛分（coal screening）：使不同粒度的煤炭通过筛面按粒度分成不同粒级的作业。

（28）类别（class；category）：根据煤的煤化程度和工艺性能指标把煤划分成的大类。

（29）小类（group）：根据煤的性质和用途的不同，把大类进一步细分的类别。

（30）煤阶（rank）：又称煤级，指煤化作用深浅程度的阶段。

1.2 煤质分析中常用基准和符号

1.2.1 煤质分析中常用基准

在煤质分析中常以不同"基准"（简称"基"）表示，即表示分析结果是以何种状态下的煤为基础而得出的。常用的"基"有收到基、干燥基、空气干燥基、干燥无灰基、干燥无矿物质基、恒湿无灰基、恒湿无矿物质基。

各基准定义如下：

（1）收到基（as received basis）：以收到状态的煤为基准，表示符号 ar。

（2）空气干燥基（air dried basis）：以与空气湿度达到平衡状态的煤为基准，表示符号 ad。

（3）干燥基（dry basis）：以假想无水状态的煤为基准，表示符号 d。一般在生产中用煤的灰分、硫分、发热量来表示煤的质量时，应采用干燥基。

（4）干燥无灰基（dry ash-free basis）：以假想无水、无灰状态的煤为基准，表示符号 daf。

（5）干燥无矿物质基（dry mineral matter-free basis）：以假想无水、无矿物质状态的煤为基准，表示符号 dmmf。

（6）恒湿无灰基（moist ash-free basis）：以假想含最高内在水分、无灰状态的煤为基准，表示符号 maf。

（7）恒湿无矿物质基（moist mineral matterfree basis）：以假想含最高内在水分、无矿物质状态的煤为基准，表示符号 m，mmf。

1.2.2 煤质分析中常用符号

煤炭分析试验，除少数惯用符号外，均采用各分析试验项目的英文名称的第一个字母或缩略字，以及各化学成分的元素符号或分子式作为它们的代表符号。煤炭分析试验项目名称及其专用符号见表1-1。

表1-1 部分煤质分析项目及符号

分析类型	项目名称	代表符号
工业分析	水分/%	M
	灰分/%	A
	挥发分/%	V
	固定碳/%	FC

分 析 类 型	项 目 名 称	代 表 符 号
元素分析	碳/%	C
	氢/%	H
	氧/%	O
	氮/%	N
	硫/%	S
其他煤质分析	最高内在水分/%	MHC
	矿物质/%	MM
	发热量/MJ·kg^{-1}	Q
	真相对密度	TRD
	视相对密度	ARD
煤灰熔融性测定	变形温度/℃	DT
	软化温度/℃	ST
	半球温度/℃	HT
	流动温度/℃	FT
工艺性质	胶质层最大厚度	Y
	焦块最终收缩度	X
	坩埚膨胀序数	CSN
	黏结指数	$G_{R.I.}$
	罗加指数	R.I.
	膨胀度	b
	收缩度	a
	干馏总水产率	Water
	焦油产率	Tar
	半焦产率	CR
	煤对二氧化碳化学反应性	α
	结渣率	Clin
	热稳定性	TS
	落下强度	SS
	哈氏可磨性指数	HGI
	年轻煤透光率	P_M
	褐煤苯萃取物产率/%	E_B
	腐殖酸产率/%	E_A

如果以不同基表示的煤炭分析结果，采用基的英文名称缩写字母、标在项目符号右下角、细项目符号后面（见表 1-2），并用逗号分开表示。

例如：空气干燥基全硫，$S_{t,ad}$；

干燥无矿物质基挥发分，V_{dmmf}；

收到基恒容低位发热量，$Q_{\mathrm{net,v,ar}}$；
恒湿无灰基高位发热量，$Q_{\mathrm{gr,maf}}$；
恒湿无矿物质基高位发热量，$Q_{\mathrm{gr,m,mmf}}$。

表 1-2　项目细划分符号

项目名称	符　号	项目名称	符　号
外在或游离	f	恒容低位	net, v
内　在	inh	恒容高位	gr, v
有　机	O	恒压低位	net, p
硫化铁	P	全	t
硫酸盐	S	弹　筒	b
恒压高位	gr, p		

2 煤的简介

学习目标

【1】掌握成煤过程、宏观煤岩成分和煤的有机显微组分;

【2】掌握煤的主要物理性质、化学性质;

【3】了解腐殖煤的分类及特征;

【4】了解煤的结构单元及结构模型。

煤是指植物遗体在覆盖地层下,经复杂的生物化学和物理化学作用,转化而成的固体有机可燃沉积岩。对于现代化工业来说,无论是重工业、轻工业,还是能源工业、冶金工业、化学工业、机械工业,各种工业部门都要消耗一定量的煤。煤作为一种主要的能源,在国民经济中起着举足轻重的作用。为了有计划地开采和合理利用煤炭资源,必须对煤进行研究。

煤化学是研究煤的成因、组成、性质、结构、分类和反应以及它们之间关系的一门学科,同时阐明了煤作为燃料和原料利用中的一些化学问题。

2.1 煤的成因与类型

2.1.1 煤的成因

2.1.1.1 成煤物质

在 19 世纪以前,人们对于煤是由什么物质形成的并没有正确的认识。随着煤炭的大规模开采,人们在煤层的顶、底板岩层中发现了大量的树根、树叶、树干等植物化石,有人认为煤可能是由植物形成的,但缺乏直接证据。直到 19 世纪发明了显微镜,人们利用显微镜在煤中观察到了植物的细胞结构,从而证实了煤是由植物变成的。

2.1.1.2 植物的演化

大约 30 亿年前,地球上开始出现了植物。最初的植物,结构简单,种类贫乏,生长在水中;经过数亿年的地质历史阶段,有些植物从水中转移到陆地上生长。其演化发展主要经历了菌藻植物时期、裸蕨植物时期、蕨类植物时期、裸子植物时期、被子植物时期几个阶段。不同的植物在不同的地质历史时期形成了多种类型的煤,表 2-1 列出了地质年代与成煤期的关系。

表 2-1　地质年代与成煤期[①]

代	纪		世	距今年龄/亿年	生物开始繁殖时期		成煤主要牌号
					植　物	动　物	
新生代	第四纪		全新世更新世	0.03	被子植物大量繁殖，为成煤提供原始物质	古人类出现	泥炭
	第三纪	新第三纪	上新世中新世	0.25	被子植物	哺乳动物	泥炭褐煤低变质烟煤
		老第三纪	渐新世始新世古新世	0.80			
中生代	白垩纪		晚白垩世早白垩世	1.40	被子植物裸子植物极盛，为成煤提供原始物质	爬行动物	褐煤烟煤
	侏罗纪		晚侏罗世中侏罗世早侏罗世	1.95			
	三叠纪		晚三叠世中三叠世早三叠世	2.30			
古生代	晚古生代	二叠纪	晚二叠世早二叠世	2.70	裸子植物孢子植物极盛，为成煤提供原始物质	两栖动物	烟煤无烟煤
		石炭纪	晚石炭世中石炭世早石炭世	3.20			
		泥盆纪	晚泥盆地中泥盆世早泥盆世	3.75		鱼　类	无烟煤
	早古生代	志留纪	晚志留生中志留世早志留生	4.40	裸蕨植物海藻大量繁殖，为石煤的形成提供原始物质	无脊椎动物	
		奥陶纪	晚奥陶世中奥陶世早奥陶世	5.00			石煤
		寒武纪	晚寒武世中寒武世早寒武世	6.20			
元古代	震旦纪		晚震旦世中震旦世早震旦世	约16	菌藻类		
	早元古代			20			
太古代				45			没有煤

①本表引自朱银惠主编《煤化学》，化学工业出版社，2008。

2.1.1.3　煤的成因类型

根据成煤的原始物质及堆积环境不同，可把煤分成腐殖煤类、腐泥煤类、腐殖腐泥煤类三种类型，见表 2-2。

表 2-2　煤的成因分类

大　类	类　型	成煤原始质料的类别和聚积环境
腐殖煤类	腐殖煤	高等植物在沼泽环境中形成
	残殖煤	
腐殖腐泥煤类	腐殖腐泥煤	高等植物和低等植物都占重要地位，聚积于湖泊、沼泽过渡的环境
腐泥煤类	腐泥煤	低等植物和少量动物在湖泊或沼泽中积水较深部位形成

腐殖煤类是指由高等植物的遗体经过泥炭化作用和煤化作用形成的煤，包括泥炭（泥煤）、褐煤、烟煤、无烟煤，其探明储量和产量均占各类煤的主要地位。腐殖煤类可分为腐殖煤和残殖煤两种类型。腐殖煤主要由植物中的木质素和纤维素形成，通常所说的煤就是指腐殖煤；残殖煤由植物的角质层、树脂、孢子、花粉等稳定组分形成。

腐泥煤类主要由藻类和浮游生物等形成。根据植物遗体分解的程度，可分为藻煤和胶泥煤。藻煤中的藻类遗体大多未完全分解，显微镜下可见保存完好、轮廓清晰的藻类。胶泥煤中藻类遗体多分解完全，已看不到完整的藻类残骸。

腐殖腐泥煤类是腐殖煤与腐泥煤中间的过渡类型，既有高等植物，也有低等植物演变而来，主要有烛煤和煤精两种。烛煤为灰黑色或褐色，易燃且发出蜡烛般明亮的火焰。煤精的特点是色黑、致密、质轻、韧性大，可作工艺美术品的原料。

2.1.1.4　腐殖煤的分类及特征

腐殖煤是煤加工、利用的主要对象。按照煤的形成阶段和煤化程度，可分为泥炭、褐煤、烟煤和无烟煤。

泥炭又称为草炭或泥煤，呈棕褐色或黑褐色，无光泽，质地柔软且不均匀，水分含量较高。风干后的泥炭为棕褐色或黑褐色土状碎块，可做燃料，可进行低温干馏制取化工原料等，泥炭中的腐殖酸可做腐殖酸肥料。实际上，泥炭属于植物成煤过程中的过渡产物，是煤化程度最低的煤。

褐煤又称柴煤，呈褐色或黑褐色，水分较高，大多无光泽，真相对密度（见 2.3 节）1.10 ~ 1.40，易风化。从年轻褐煤转变成年老褐煤时，颜色渐深，硬度增大，腐殖酸含量逐渐降低。褐煤是煤化程度最低的矿产煤。

烟煤呈黑色，水分较低，真相对密度 1.2 ~ 1.45，硬度较大，随着煤化程度的增加，煤的光泽逐渐增强，具明显的条带状、凸镜状构造。

无烟煤俗称白煤或红煤，呈灰黑色，具有金属光泽，真相对密度 1.4 ~ 1.8，硬度大，燃点高，是煤化程度最高的腐殖煤。

2.1.1.5　成煤过程

成煤过程是指植物遗体经过复杂的生物化学作用、物理化学作用和地质化学作用逐渐转变成煤所经历的一系列演变过程。一般认为成煤过程分为两个阶段，泥炭化作用阶段（或腐泥化作用阶段）和煤化阶段。前者主要是生物化学过程，后者主要是物理化学过程。

A　泥炭化作用阶段与腐泥化作用阶段

泥炭化作用是指高等植物的遗体经过复杂的生物化学变化和物理化学变化转变成泥炭的过程。在这个过程中，植物所有的有机组分和泥炭沼泽中的微生物都参加了成煤作用。其中植物有机组分的变化是十分复杂的，一般认为泥炭化过程的生物化学作用分为两个阶段：第一阶段，植物遗体在空气中或沼泽浅部的多氧条件下，由于需氧细菌和真菌等微生物的作用，部分变为气体和水分，另一部分分解为较简单的有机化合物（在一定条件下可合成为腐殖酸），而未分解的稳定部分则保留下来；第二阶段，在沼泽水的覆盖下，出现缺氧条件，微生物由厌氧细菌替代，第一阶段保留下来的分解产物，经过生物化学作用，合成为腐殖酸和沥青质等新的较稳定的物质。

在泥炭化作用阶段，氧是植物分解转化的必要条件，而缺氧的还原性环境则使泥炭得以保存。植物遗体转变为泥炭后，蛋白质消失了，木质素和纤维素减少，生成大量腐殖酸。泥炭的元素组成中，碳和氢的含量增高，氧含量减少。

腐泥化作用是指低等植物的遗体经复杂的生物化学变化转变成腐泥的过程。

腐泥常呈黄褐色、暗褐色、黑灰色等，水分可达 70%～90%，是一种粥状流动的或冻胶淤泥状物质；干燥后水分降低至 18%～20%，为具有弹性的橡皮状物质。腐泥干燥后也可做燃料或肥料使用，干馏时腐泥的焦油产率很高。

B　煤化作用阶段

煤化作用阶段是指泥炭在地下深部受温度和压力的长时间作用下转变为腐殖煤的过程，或由腐泥转变为腐泥煤的过程。在这一过程中，煤的分子结构、元素组成、化学性质、物理性质和工艺性质不断发生变化，煤化作用逐步加深。根据作用条件的不同，煤化作用阶段可分为成岩作用和变质作用两个连续的过程。

煤的成岩作用使泥炭转变为褐煤。当泥炭被其他沉积物覆盖后或处在泥炭层深部时，生物化学作用逐渐减弱以至停止。泥炭在上覆沉积物的压力下，发生了压紧、失水、胶体老化和固结等一系列变化，疏松的泥炭转变为结构致密的褐煤。这一过程发生在地下 200～400m 的深度，压力和时间是在这个阶段的主导作用因素。泥炭转变成褐煤后，碳含量增加，氧和氢含量逐渐降低，腐殖酸含量不断降低。

腐泥经过成岩作用可转变为腐泥煤。

煤的变质作用使褐煤向烟煤、无烟煤演化，也可能进一步变质，形成石墨。褐煤在不断增加的温度和压力的长时间作用下，煤化程度加深，碳含量增加，氢含量、氧含量和挥发分减少，煤的反射率（见 2.3 节）增高，容重❶增大，逐步转变成烟煤，其中的腐殖酸全部转化为中性的腐殖质，煤开始出现黏结性（见 5.1 节），光泽增强。影响变质作用的重要因素是温度，其次是时间和压力。温度的升高促进煤化过程中化学反应的进行，而压

---

❶　容重一般是工程上用的一立方的重量，即单位容积内物体的重量。

力加大主要促进物理结构的变化。

腐泥煤经过变质作用后，煤化程度进一步增高。

2.1.2 煤岩类型

煤岩学是把煤作为一种有机岩石，以物理方法为主研究煤的物质成分、结构、性质、成因及合理利用的学科。煤岩学一词最先见于波托涅的《普通煤岩学概论》一书。20 世纪初期广泛开展了煤的显微镜下的观察、研究，使煤岩学逐渐发展形成一门独立的学科。显微镜下研究煤是煤岩学的主要手段。随着煤的应用领域不断扩大，需要量与日俱增，为使煤得到综合、合理利用，必须加强对煤的物质成分的研究。煤的显微组分、显微类型和煤化作用是煤岩学的主要研究内容。

煤岩学的研究方法有两种：宏观研究法和微观研究法。

2.1.2.1 宏观研究法

宏观研究法是用肉眼或放大镜来观察煤，根据煤的颜色、条痕、光泽、硬度、密度、断口等物理性质，确定宏观煤岩成分和宏观煤岩类型，判断煤化程度，初步评定煤的性质和用途。这种方法是煤岩学研究的基础，具有简便易行等优点，缺点是较粗略。一般可将煤岩成分分为镜煤、亮煤、暗煤和丝炭。

（1）镜煤呈黑色，光泽强，质地均匀纯净，性脆易碎，常具贝壳状或眼球状断口。显微镜下观察镜煤的轮廓清楚，主要由植物的木质纤维组织经凝胶化作用形成。

（2）亮煤呈黑色，光泽强，但次于镜煤。性质脆，易破碎，有时出现贝壳状断口。密度小，均一程度不如镜煤。亮煤是煤中最常见的宏观煤岩成分，在煤层中常呈较厚的分层或透镜状出现。显微镜下观察的亮煤成分复杂，主要以镜质组为主，同时含不同数量的壳质组和惰质组。

（3）暗煤呈灰黑色，光泽暗淡、坚硬、密度大，断口不规则。在煤层中呈较厚的分层或单独成层。显微镜下观察的暗煤镜质组含量较少，壳质组、惰质组和矿物质含量较高。

（4）丝炭呈灰黑色，外观与木炭相似，质地疏松多孔，呈纤维状结构，有光泽，性脆易碎，能染指，在煤层中丝炭的含量较少。显微镜下观察的丝炭的植物细胞结构明显，由植物的木质纤维组织经丝炭化作用形成。

上述四种宏观煤岩成分是煤的岩相分类的基本单位，其中镜煤和丝炭一般只以细小的透镜体状或以不规则的薄层状出现，亮煤和暗煤虽然分层较厚，但常有互相过渡的现象，分层界限往往不是很明显。现在通常根据煤的平均光泽强度、煤岩成分的数量比例和组合情况来划分宏观煤岩类型。按同一剖面上相同煤化程度的平均光泽的强弱依次分为：光亮型煤、半亮型煤、半暗型煤和暗淡型煤四种宏观煤岩类型。

（1）光亮型煤外观呈黑色，主要由镜煤和亮煤组成，在四种煤岩类型中光泽最强，条带状结构不明显，质地较均一，裂缝明显，脆性大，机械强度低，易破碎，常具贝壳状断口。

（2）半亮型煤外观呈黑色，主要以亮煤为主，有时由镜煤、亮煤和暗煤组成，也可能有丝炭。平均光泽比光亮型煤稍弱，特点是条带状结构清晰，裂隙较明显，断口为棱角状或阶梯状，是最常见的一种宏观煤岩类型。

（3）半暗型煤外观呈暗黑色，一般由暗煤和亮煤组成，且暗煤为主，有时也有镜煤和丝炭的纹理，细条带和透镜体等。其主要特点是光泽较暗淡，硬度和密度较大。

（4）暗淡型煤外观呈浅黑色，主要由暗煤组成，有时有少量镜煤、丝炭透镜体。特点是光泽暗淡，煤质坚硬，密度大，条带状结构不明显，无裂隙。

上述宏观煤炭类型在煤层中往往多次交替出现。表2-3列出大同矿区9号煤层的宏观煤岩类型。

表2-3 大同矿区9号煤层的宏观煤岩类型

井 田	煤厚/m	宏观煤岩类型				
		光亮型煤/%	半亮型煤/%	半暗型煤/%	暗淡型煤/%	夹石/%
忻州窑	1.37	54.74	19.21	25.55	0	0
王 村	1.42	20.42	23.94	12.68	24.63	18.31

2.1.2.2 微观研究法

微观研究法是利用显微镜来观察煤片，识别并研究煤的显微组分的方法。煤的显微组分指的是在显微镜下能够识别的煤的基本组成成分，分为有机显微组分和无机显微组分。

A 煤的有机显微组分

有机显微组分是指在显微镜下能识别的有机质的基本单位，国际煤岩学会对褐煤和硬煤分别制定了显微组分的分类方案，见表2-4和表2-5。

表2-4 国际褐煤显微组分分类[①]

显微组分组 （group maceral）	显微组分亚组 （maceral subgroup）	显微组分 （maceral）	显微亚组分 （maceral type）
腐殖组 （huminite）	结构腐殖体 （humotelinite）	结构木质体（textinite）	
		腐木质体（ulminite）	结构腐木质体（texto-ulminite） 充分分解腐木质体 （eu-ulminite）
	碎屑腐殖体 （humodetrinite）	细屑体（attrinite） 密屑体（densinite）	
	无结构腐殖体 （humocollinite）	凝胶体（gelinite）	多孔凝胶体（porigelinite） 均匀凝胶体（levigelinite）
		团块腐殖体（corpohuinite）	鞣质体（porigelinite） 假鞣质体（levigelinite）
稳定组 （liptinite）		孢粉体（sporinite） 角质体（cutinite） 树脂体（resinite） 木栓质体（suberinite） 藻类体（alginite） 碎屑稳定体（liptodetinite） 叶绿素体（chlorophyllinite） 沥青质体（bituminite）	
惰质组 （inertinite）		丝质体（fusinite） 半丝质体（semifusinite） 粗粒体（macrinite） 菌类体（sclerotinite） 碎屑惰质组（inertodetrinite）	

①本表引自朱银惠主编《煤化学》，北京：化学工业出版社，2008。

表 2-5 国际硬煤显微组分分类[①]

显微组分组 （group maceral）	显微组分 （maceral）	显微亚组分 （maceral type）	显微组分种 （maceral variety）
镜质组（vitrinite）	结构镜质体（telinite）	结构镜质体-1（telinite 1） 结构镜质体-2（telinite 2）	科达树结构镜质体（cordaitotelinite） 真菌结构镜质体（rungotelinie） 木质结构镜质体（xylotelintite） 鳞木结构镜质体（lepidophytotelinite） 封印木结构镜质体（sigillariotelinite）
	无结构镜质体（collinite）	均质镜质体（telocollinite） 基质镜质体（corpocollinite） 团块镜质体（gelocollinite） 胶质镜质体（desmocollinite）	
	镜屑体（vitrodetrinite）		
壳质组（exinite）	孢子体（sporinite）		薄壁孢子体（tenuisporinite） 厚壁孢子体（crassisporinite） 小孢子体（microporinite） 大孢子体（macroporinite）
	角质体（cutinite）		
	树脂体（resinite）	镜质树脂（colloresinite）	
	木栓质体（suberinite）		
	藻类体（alginite）	结构藻类体（telalginite）	皮拉藻类体（pila-alginite） 轮奇藻类体（reinschia-alginite）
		层类藻类体（lamialginite）	
	荧光体（fluorinite）		
	沥青质体（bituminite）		
	渗出沥青体（exsudatinite）		
	壳屑体（liptodetrinite）		
惰质组（inertinite）	半丝质体（semifusinite）		
	丝质体（fusinite）	火焚丝质体（pyrofusinite） 氧化丝质体（degradofusinite）	
	粗粒体（macrintite）		
	菌类体（sclerotinite）	真菌菌类体 （fungosclerotinite）	密丝组织体（plectenchyminite） 团块菌类体（corposclerotinite） 假团块菌类体（pseudocorposclerotinite）
	微粒体（micrinite）		
	惰屑体（inertodetrinite）		

①本表引自朱银惠主编《煤化学》，北京：化学工业出版社，2008。

（1）镜质组。又称凝胶化组分，它是在泥炭化作用和成岩作用中，由植物的木质纤维组织，经凝胶化作用形成的，是煤中最主要的显微组分。

凝胶化作用一般发生在弱氧化以至还原环境中，表现为沼泽中水流停滞，且覆水深度不太大。凝胶化过程中植物的细胞壁吸水膨胀，细胞腔逐渐缩小以至消失，形成了凝胶化物质。凝胶化作用中发生的变化包括两个方面：一方面是在厌氧细菌的参与下，植物的木质纤维组织发生生物化学变化形成腐殖酸、沥青质等；另一方面是植物的木质纤维组织在沼泽水的浸泡下，吸水膨胀，发生胶体化学变化，使细胞腔逐渐缩小，直至失去细胞结构成为凝胶体。

（2）惰质组。又称丝炭化组分，也是煤中比较常见的一种显微组分，主要由植物的木质纤维组织经过丝炭化作用形成的。丝炭化作用是指植物的木质纤维组织在沼泽表面暴露于大气中经喜氧细菌、真菌、放线菌的作用缓慢氧化分解，或因森林沼泽失火后造成的木炭状残余物转变成富碳、贫氢的过程。

由于环境等因素的改变，凝胶化作用和丝炭化作用可交替发生，处于凝胶化作用中的产物都可以发生丝炭化作用，而处于丝炭化作用中的产物一般也可以再进行凝胶化作用。

（3）壳质组。又称稳定组分，在煤中的含量不多，主要是由植物有机组分中的角质层、孢粉、树脂等化学性质稳定的物质保存在煤中而形成的，在成煤过程中几乎没有发生质的变化，显微镜下较容易辨认。煤岩有机显微组分与宏观煤岩成分之间的关系，见图2-1。

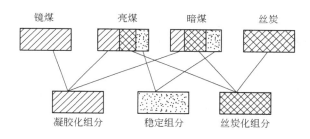

图2-1 煤岩有机显微组分与宏观煤岩成分之间的关系

B 煤的无机显微组分

煤的无机显微组分是指在显微镜下可以观察到的煤中矿物质。煤的无机显微组分（矿物质）主要来自成煤过程中混入煤中的矿物质；另外成煤植物体内的无机成分也可转入煤中成为无机显微组分，但数量很少。煤中常见的矿物质主要包括：黏土类矿物、硫化物类矿物、氧化物类矿物和碳酸盐类矿物。

C 显微煤岩类型

显微煤岩类型是指显微镜下划分出的不同显微组分或显微组分组的各种组合。国际煤岩学委员会规定的显微煤岩类型包括单组分、双组分和三组分3类，每一类含1~3个显微煤岩类型组（见表2-6），常用于评价煤的工艺性质，为了明确划分显微煤岩类型之间的界限，国际煤岩学委员会做了如下规定：（1）显微煤岩类型在垂直层面的煤光片上的最小厚度为50μm或最小面积为50×50μm²；（2）5%规则，是指由于单组分显微煤岩类型并不是单纯由某一组显微组分构成，双组分显微煤岩类型也不是只由两组显微组分构成，因而规定每一单组分和双组分显微煤岩类型可含小于5%的次要显微组分组，亦即主要显微组分组需不低于95%。如单组分显微煤岩类型的微镜煤，需含大于95%的镜质组组分，而所含的壳质组和惰质组之和则小于5%。

表 2-6　国际显微煤岩类型分类①

显微组分组成（不包括矿物）		显微煤岩类型	各组显微组分组成（不包括矿物质）	显微煤岩类型组别
单组分	无结构镜质体 >95% 结构镜质体 >95% 碎屑镜质体 >95%	（微无结构镜煤）① （微结构镜煤）①	V >95%	微镜煤
	孢子体 >95% 角质体 >95% 树脂体 >95% 藻类体 >95% 碎屑壳质体 >95%	微孢子煤 （微角质煤）① （微树脂煤）① 微藻类煤	E >95%	微稳定煤
	半丝质体 >95% 丝质体 >95% 菌类体 >95% 碎屑惰质体 >95% 粗粒体 >95%	微半丝煤 微丝煤 （微菌类煤）① 微碎屑惰性煤 （微粗粒煤）①	I >95%	微惰性煤
双组分	镜质组 + 孢子体 >95% 镜质组 + 角质体 >95% 镜质组 + 树脂体 >95% 镜质组 + 碎屑壳质体 >95%	微孢子亮煤 微角质亮煤 （微树脂亮煤）①	V + E(L) >95%	微亮煤 V E(L)
	镜质组 + 粗粒体 >95% 镜质组 + 半丝质体 >95% 镜质组 + 丝质体 >95% 镜质组 + 菌类体 >95% 镜质组 + 碎屑惰质体 >95%		V + I >95%	微镜惰煤 V I
	惰性组 + 孢子体 >95% 惰性组 + 角质体 >95% 惰性组 + 树脂体 >95% 惰性组 + 碎屑壳质体 >95%	微孢子暗煤 （微角质暗煤）② （微树脂暗煤）②	I + E(L) >95%	微暗煤 I E(L)
三组分	镜质组、惰性组、壳质组 >5%	微暗亮煤 微镜惰壳质煤 微亮暗煤	V > I, E(L) E > I, V I > V, E(L)	微三组混合煤 V I E(L)

①本表引自 E. 斯塔赫等著．杨起等译：《斯塔赫煤岩学教程》，北京：煤炭工业出版社，1990。

②括号中术语尚未通用。V—镜质组；E(L)—壳质组；I—惰性组。

双组分显微煤岩类型主要是由两组显微组分构成的，这两组显微组分之和大于95%，两个显微组分组之间的含量比可有较大的变化，但每个都必须大于总量的5%，如微亮煤的镜质组和壳质组含量都不能小于5%，也都不能单独达到95%。但双组分显微煤岩类型可根据其中的一种显微组分组占优势而划分为两个亚组，如微亮煤可分为微亮煤V和微亮煤E。前者以镜质组占优势，也可称微镜质亮煤；后者以壳质组占优势，也可称微壳质亮煤。同样，双组分的微暗煤可分出以壳质组占优势的微暗煤E（微壳质暗煤）和以惰质组占优势的微暗煤I（微惰质暗煤）；双组分的微镜惰煤可分为以镜质组占优势的微镜惰煤V（微镜质镜惰煤）和以惰质组占优势的微镜惰煤I（微惰质镜惰煤）。

三组分显微煤岩类型规定三组显微组分的含量各自都大于5%，称微三合煤。其中微暗亮煤表明镜质组含量多于壳质组和惰质组，微亮暗煤是惰质组含量多于镜质组和壳质组，而微镜惰壳质煤则以壳质组占优势。

显微煤岩类型组除微镜惰壳质煤外，还可根据显微组分的组成特征进一步划分，如微壳煤可分出微孢子煤、微藻类煤、微角质煤和微树脂煤；微惰煤可分为微半丝煤、微丝煤、微碎屑惰质煤等。❶

国际煤岩学委员会的分类，其命名只根据有机显微组分含量，不考虑矿物质的影响。1966年，中国地质科学院张毓爽、周谙提出中国腐殖煤显微煤岩类型分类方案，见表2-7。

表2-7　腐殖煤的显微煤岩类型分类①

类	型	亚型	种
腐殖煤	亮煤 （N+BN）>80%	纯亮煤（N+BN）>95%	无结构纯亮煤 结构纯亮煤
		丝质亮煤（BS+S）<20% 角质亮煤 J<20% 混合亮煤	丝炭亮煤 角质亮煤 混合亮煤
	暗亮煤 （N+BN）65%~80%	丝质暗亮煤（BS+S）<35%	丝炭暗亮煤 丝炭矿化暗亮煤
		角质暗亮煤 J<35%	角质暗亮煤 角质矿化暗亮煤
		混合暗亮煤	混合暗亮煤 混合矿化暗亮煤
	亮暗煤 （N+BN）35%~65%	丝质亮暗煤（BS+S）<65%	丝炭亮暗煤 丝炭矿化亮暗煤
		角质亮暗煤 J<65%	角质亮暗煤 树皮亮暗煤 V 孢子亮暗煤 E 角质矿化亮暗煤
		混合亮暗煤	混合亮暗煤 混合矿化亮暗煤

❶ 引自：E. 斯塔赫等著，杨起等译：《斯塔赫煤岩学教程》. 北京：煤炭工业出版社，1990（E. Stach et al., Stach's Textbook of Coal Petrology, 3rd ed., GebrüderBorntaeger, Berlin, Stuttgart, 1982）。

续表 2-7

类	型	亚　　型	种
腐殖煤	暗煤 （N + BN）< 35%	纯丝煤（BS + S）> 90%	纯丝煤 V 纯丝煤 I
		富丝质暗煤（BS + S）65% ~ 90%	富丝炭暗煤 富丝炭矿化暗煤
		丝质暗煤（BS + S）35% ~ 65%	丝炭暗煤 I 丝炭矿化暗煤 E
		混合暗煤	混合暗煤 混合矿化暗煤
		纯角质煤 J > 90%	角质层煤 V 树皮煤 I
		富角质暗煤 J 65% ~ 90%	富角质层暗煤 富树皮暗煤 富角质矿化暗煤
		角质暗煤 J 35% ~ 65%	角质层暗煤 树皮暗煤 孢子暗煤 角质矿化暗煤

注：N—凝胶化组分；BN—半凝胶化组分；BS—半丝质化组分；J—角质化组分。
①本表引自 E. 斯塔赫等著. 杨起等译：《斯塔赫煤岩学教程》，北京：煤炭工业出版社，1990。

中国主要聚煤期腐殖煤的显微煤岩类型具有以下特点：晚古生代以微亮煤和微暗亮煤占优势，其中以微丝质亮煤和微丝质暗亮煤为主，个别地区如江西乐平、浙江长广煤田赋存有微树皮煤。中生代在大多数地区以微亮煤和微镜煤占优势，其中不少是微角质亮煤，鄂尔多斯煤田、大同煤田等富含微镜惰煤，新疆伊犁、青海大通等地个别煤层中有微丝煤。第三纪煤的显微煤岩类型以微亮煤和微镜煤为主。

2.1.2.3　煤岩显微组分的化学组成

表 2-8 列出镜质组、惰质组和壳质组的化学组成和其他性质。研究表明，同一种煤中各种显微组分的化学组成、物理性质都有较大差异，呈规律性变化；另外，随煤化程度的增高，同一种显微组分的化学组成、物理性质也发生规律性变化。

在同一煤化程度的煤中，惰质组碳含量最高，壳质组次之，镜质组最低；壳质组氢含量最高，镜质组次之，惰质组最低；密度是惰质组最高，镜质组次之，壳质组最低；壳质组的挥发分最高，镜质组次之，惰质组最低；反射率是惰质组最大，镜质组次之，壳质组最小。

在不同煤化程度的煤中，随着煤化程度增高，各种显微组分的碳含量增加，氢含量和挥发分减少，密度和反射率增大。另外还可看出，随着煤化程度的增高，各种显微组分的化学组成，物理性质的差异在逐渐缩小。

表 2-8 三类显微组分的化学组成和其他性质

镜质组含碳量/%	显微组分①	元素组成/%					H/C	相对密度	挥发分/%	$R_{\max}^{②}$/%	
		C	H	O	N	S				油浸	干镜
81.5	V	81.5	5.15	11.7	1.5	0.4	0.753	1.259	39	0.67	7.91
	E	82.2	7.40	8.5	1.3	0.6	1.073	1.120	79	0.13	5.71
	M	83.6	3.95	10.5	1.5	0.6	0.563	1.380	30	1.27	9.70
85.0	V	85.0	5.4	8.0	1.2	0.4	0.757	1.240	34	0.92	8.52
	E	85.7	6.5	5.8	1.4	0.6	0.905	1.168	55	0.24	6.32
	M	87.2	4.15	6.7	1.35	0.6	0.566	1.357	24	1.50	10.31
89.0	V	89.0	5.1	4.0	1.3	0.4	0.683	1.262	26	1.26	9.62
	E	89.6	5.2	3.3	1.3	0.6	0.691	1.255	29	0.82	8.30
	M	90.8	4.1	3.2	1.3	0.6	0.537	1.363	16	1.90	11.15
91.2	V	91.2	4.55	2.6	1.15	0.5	0.594	1.314	18	1.64	10.63
	E	91.5	4.5	2.3	1.2	0.5	0.586	1.320	18	1.64	10.63
	M	92.2	3.65	2.2	1.35	0.6	0.471	1.416	11	2.44	11.81

①V—镜质类；E—稳定类；M—丝质中的微粒体。
②镜质组最大反射率。

2.2 煤的化学结构

2.2.1 煤的结构单元

煤的化学结构是指在煤的有机分子中原子相互联结的次序和方式，简称煤结构。煤的主体是三维空间的高分子化合物。煤的组成并非是均一单体的聚合物，而是由许多结构相似的大分子聚合物通过化学键联结而成。这些结构相似的大分子聚合物被称作煤的基本结构单元。基本结构单元由规则的核心部分和不规则的外围部分构成。缩合芳香环为结构单元的核心，缩合环的数目随煤化程度的增加而增加；结构单元的外围部分主要为含氧官能团和烷基侧链及少量的含硫、含氮官能团，通常它们的数量随着煤化程度增加而减少。

2.2.1.1 含氧官能团

煤中氧的存在形式可分为两类，一类是含氧官能团，如羧基、酚羟基、羰基、醌基和甲氧基等，煤化程度越低，它们的含量越高；另一类是醚键和呋喃环，它们在年老煤中占优势。

煤中的含氧官能团随煤化程度增加而急剧降低，其中羟基最多，其次是羰基和羧基，见图 2-2。在煤化过程中，甲氧基首先消失，然后是羧基，它在典型烟煤中已不再存在，而羟

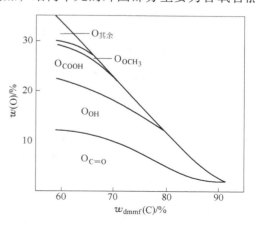

图 2-2 煤中含氧官能团的分布和煤化程度关系

基和羰基仅在数量上减少，即使在无烟煤中也还存在。图2-2中其余含氧官能团主要指醚键和杂环氧，它们在中等变质程度的煤中占相当大的比例。

2.2.1.2　烷基侧链

煤中烷基侧链的平均长度，见表2-9。可见，烷基侧链随煤化程度增加开始很快缩短，然后渐趋平缓。对年老褐煤和年轻烟煤的烷基碳原子数平均为2左右，无烟煤则减少到1，即主要含甲基。另外，烷基碳占总碳的比例也随煤化程度增加而减少，煤中碳含量为70%时，烷基碳占总碳的8%左右；80%时，约占6%；90%时，只有3.5%左右。

表2-9　煤中烷基侧链的平均长度

煤中碳含量/%	65.1	74.2	80.4	84.3	90.4
烷基侧链平均碳原子数	5.0	2.3	2.2	1.8	1.1

2.2.1.3　含硫、含氮官能团

硫的性质与氧相似，煤中的含硫官能团种类与含氧官能团差不多。煤中有机硫的主要存在形式是噻吩，其次是硫醚键和巯基（—SH）。

煤中含氮量多在1%~2%，大约50%~75%的氮以吡啶环或喹啉环形式存在，此外还有胺基、亚胺基、腈基和五元杂环等。由于煤中硫含量和氮含量低，且含氮结构非常稳定，测定十分困难，故煤中硫的分布和氮的定量结果尚未完全弄清。

2.2.1.4　桥键

桥键是连接结构单元的化学键。这些键处于煤分子中的薄弱环节，易受热作用和化学作用而裂解，且裂解过程中产物易与某些官能团和烷基侧链交织在一起。尽管确定桥键的类型和数量对阐明煤的化学结构和性质至关重要。但由于问题具有高度复杂性，所以至今尚未得到可靠的定量数据。一般认为，桥键有以下四类：

1）次甲基键：—CH_2—，—CH_2—CH_2—，—CH_2—CH_2—CH_2—等；

2）醚键和硫醚键：—O—，—S—，—S—S—等；

3）次甲基醚键：—CH_2—O—，—CH_2—S—等；

4）芳香碳—碳键：C_{ar}—C_{ar}。

上述四类桥键在煤中不是平均分布的，在低煤化程度煤中桥键发达，其类型主要是前面三种，尤以长的次甲基键和次甲基醚键为多；中等煤化程度的煤桥键数目最少，主要形式是—CH_2—和—O—；至无烟煤阶段桥键又增多，主要是芳香碳—碳键。

2.2.2　煤的结构模型

煤的结构模型是用以表示煤平均化学结构的图示，不能看做是煤中客观存在的真实分子结构。从20世纪初开始研究煤的结构以来，已经提出的煤分子结构模型有十几个，下面介绍几个常见的模型。

2.2.2.1 威斯和本田化学结构模型

在煤的显微组成中，镜质组含量一般占优势，其化学结构和性质在煤化过程中变化比较均匀。煤的化学结构一般以镜质组作为研究对象。

A 威斯化学结构模型

威斯化学结构模型由美国 W. H. Wiser 提出，见图 2-3。该模型展示了煤结构的大部分现代概念，是目前公认比较合理的一种化学结构模型。该模型可以解释煤的热解、氢化、氧化、酚解聚和水解等一些化学反应。图中箭头处为键能较低、结合薄弱的桥键。

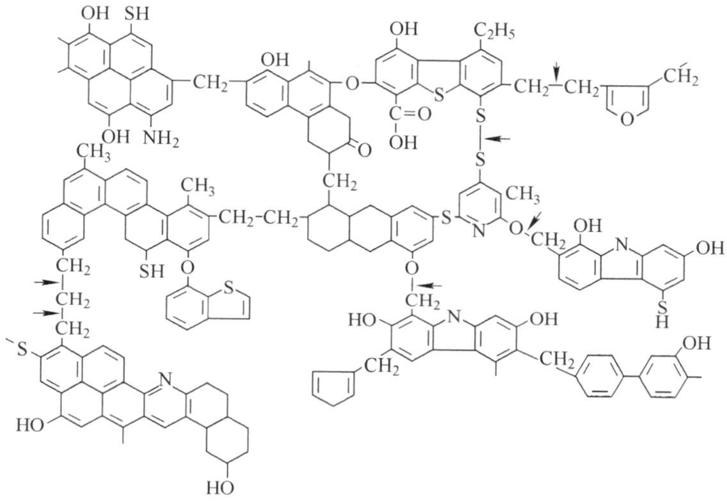

图 2-3 威斯化学结构模型

B 本田化学结构模型

本田化学结构模型的特点是，最早在有机结构部分设想存在着低分子化合物，缩合芳香环以菲为主，以较长的次甲基键连接，对氧的存在形式考虑比较全面。不足之处是没有考虑到硫和氮的结构问题，见图 2-4。

2.2.2.2 希尔施物理结构模型

希尔施物理结构模型对不同煤化程度的煤提出了三种结构形式，见图 2-5。

（1）敞开式结构。这是年轻煤（$w_{daf}(C) < 85\%$）的结构特征。芳香层片较小，不规则的"无定形物质"所占比例较大。芳香层片由交联键相连接，并或多或少在所有方向任意取向，形成多孔的立体结构。

（2）液态结构。它是中等煤化程度烟煤的特征。芳香层片在一定程度上定向，并形成包含 2 个或 2 个以上的层片的微晶，层片间交联键数目与前一种结构相比大为减少，故层片间的活动性增大。这种煤的孔隙率小，机械强度低，热解时只要破坏较少的键就能形成大量的胶质体。

（3）无烟煤结构。芳香层片增大，定向程度增大，由于煤化程度高，有机质发生缩聚反应而形成大量微孔，故孔隙率高于前两种结构。这是无烟煤（$w(C) > 91\%$）的特点。

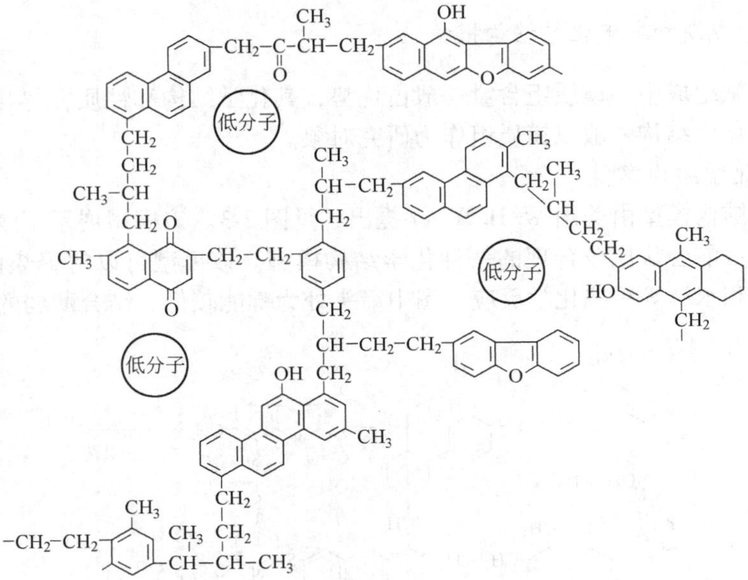

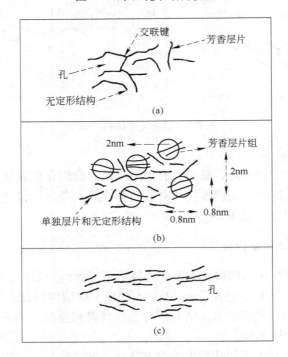

图 2-4 本田化学结构模型

图 2-5 希尔施模型

（a）敞开式结构 $[w_{daf}(C) = 80\%]$；（b）液态结构 $[w_{daf}(C) = 89\%]$；

（c）无烟煤结构 $[w_{daf}(C) = 94\%]$

　　希尔施模型比较直观地反映煤的物理结构特点，可以解释不少现象，但"芳香层片"含义不确切，也未能反映煤分子结构的不均一性。

2.2.3 煤分子结构的概念

化学结构模型虽然比较直观和形象，但一个模型不可能包罗万象，还需要用文字做进一步说明：

（1）煤的主体是三维空间的高分子聚合物，是由许多结构相似但又不完全相同的结构单元通过桥键联结而成。桥键的形式有不同长度的次甲基、醚键、芳香碳—碳键等。煤分子间通过交联及分子间缠绕在空间以一定方式排列，形成不同的立体结构。交联键有化学键（如桥键）和非化学键（如氢键、电子给予—接受键和范德华力等）。

（2）煤结构单元的核心为缩合芳香环，煤结构的缩合芳香环数随煤化程度增加而增加。$w_{daf}(C)$ 为 70% ~ 83% 时，平均环数为 2；$w_{daf}(C)$ 为 83% ~ 90% 时，平均环数为 3 ~ 5；$w_{daf}(C)$ 为 90% 以上时，缩合芳香环数急剧增多；当 $w_{daf}(C)$ 为 >95% 时缩合芳香环数 > 40。煤中碳的芳香度，烟煤一般 ≤0.8，无烟煤趋近于 1。

（3）煤结构单元的外围为烷基侧链和官能团。烷基中主要是—CH_3—和—CH_2—CH_2—，官能团以含氧官能团为主，包括酚羟基和羰基等，此外还有少量的硫官能团和氮官能团。

（4）煤中氧的存在形式除含氧官能团外，还有醚键和杂环；硫的存在形式有巯基、硫醚和噻吩等；氮的存在形式有吡啶和吡咯环、胺基和亚胺基等。

（5）煤的高分子结构中还分散着一定量的低分子化合物，其相对分子质量在 500 左右及 500 以下。主要来自于成煤植物的原始组分和成煤过程中形成的低分子聚合物。这些低分子化合物可溶于有机溶剂，加热可熔化，部分低分子化合物还可挥发。煤中低分子化合物的含量随煤化程度的增高而降低。

（6）镜质组是煤主体的代表性显微煤岩组分，其化学结构和性质在煤化过程中变化比较均匀。煤的化学结构实质上主要是指镜质组的结构。

（7）不同煤化程度煤的结构有一定的差异。低煤化程度的煤芳香核心较小，含有较多的非芳香结构和含氧基团。除化学交联发达外，分子内和分子间的氢键力对其也有重要影响，其结构无方向性，孔隙度和比表面积较大。中等变质程度的烟煤（肥煤和焦煤）的含氧基团和烷基侧链有所减少，结构单元间的平行定向程度有所提高。分子间交联最少，附在芳香结构上的环烷环较多，有较强的供氢能力。这种煤的许多性质在煤化过程中处于转折点。更高煤化程度的煤向高度缩合的石墨化结构发展，芳香碳—碳交联增加，物理上出现各向异性，化学上具有明显的惰性。

2.3 煤的理化性质

煤作为一种重要的能源和工业原料，其加工和利用直接关系到国民经济的发展。研究煤的岩石组成、物理性质、化学性质、固态胶体性质对煤的加工、利用及技术创新、新产品的开发具有重要的实际意义。

2.3.1 煤的物理性质

煤的物理性质是煤的一定化学组成和分子结构的外部表现。它是由成煤的原始物质及成煤过程、煤化程度和风化、氧化程度等因素所决定的。包括颜色、光泽、粉色、断口、裂隙、密度、力学性质、热性质、电性质和光性质等，其中大部分性质根据肉眼观察就可以确定。煤的物理性质可以作为初步评价煤质的依据，并用以研究煤的成因、变质机理和解决煤层对比等地质问题。

2.3.1.1　煤的光泽、颜色和粉色

（1）煤的颜色。煤的颜色是指新鲜煤（未被氧化）表面的自然色彩，是煤对不同波长的光波吸收的结果，通常呈褐色—黑色。煤的颜色一般随煤化程度的提高而逐渐加深。煤中的水分常能使煤的颜色加深，矿物杂质能使煤的颜色变浅。

（2）煤的光泽。煤的光泽是指煤的表面在普通光下的反光能力，是肉眼鉴定煤的标志之一。一般呈沥青、玻璃和金属光泽。煤化程度越高，光泽越强；矿物质含量越多，光泽越暗；风化、氧化程度越深，光泽越暗，直到完全消失。此外煤的表面性质、断口和裂隙等也都会影响煤的光泽。

（3）煤的粉色。煤的粉色又称为条痕色，指将煤研成粉末的颜色或煤在抹上釉的瓷板上刻划时留下的痕迹，通常呈浅棕色—黑色。一般是煤化程度越高，粉色越深。表2-10列出了八种不同煤化程度煤的光泽、颜色和条痕色。

表 2-10　不同煤化程度煤的颜色、光泽和粉色

煤化程度	颜　色	光　泽	粉色（条痕色）
褐　煤	褐色、深褐色或黑褐色	无光泽或暗淡的沥青光泽	浅棕色、深棕色
长焰煤	黑色，带褐色	沥青光泽	深棕色
气　煤	黑　色	沥青光泽或弱玻璃光泽	棕黑色
肥　煤	黑　色	玻璃光泽	黑色，带棕色
焦　煤	黑　色	强玻璃光泽	黑色，带棕色
瘦　煤	黑　色	强玻璃光泽	黑　色
贫　煤	黑色，有时带灰色	金属光泽	黑　色
无烟煤	灰黑色，带有古铜色	似金属光泽	灰黑色

2.3.1.2　煤的断口、裂隙

（1）煤的断口。煤的断口是指煤受外力打击后形成的断面形状。煤的原始物质组成和煤化程度不同，断口形状各异，常见的断口有贝壳状断口、参差状断口等。

（2）煤的裂隙。煤的裂隙是指在成煤过程中煤受到自然界的各种应力的影响而产生的裂开现象。按裂隙的成因不同，可分为内生裂隙和外生裂隙。内生裂隙是在煤化作用过程中，煤中的凝胶化物质受地温和地压等因素的影响，使其体积均匀收缩，产生内张力而形成的一种裂隙。内生裂隙可作为判断煤化程度的一个标准。煤的外生裂隙是在煤层形成以后，受构造应力的作用而产生的。由于外生裂隙组的方向常与附近的断层方向一致，因此研究煤的外生裂隙有助于确定断层的方向。此外，研究煤的外生裂隙还对提高采煤率和判断是否会发生煤尘爆炸和瓦斯爆炸具有一定的实际意义。

2.3.1.3 煤的密度

密度是反映物质特性的物理量，密度的大小取决于分子结构和分子排列的紧密程度。由于煤具有高度的不均一性，煤的体积在不同的情况下有不同的含义，因而煤的密度也有不同的表示方法。

A 煤的真密度

煤的真密度指在 0℃时单个煤粒的质量与其中固态物质的实体积（不包括煤的孔隙的体积）之比，单位 g/cm^3。煤的真密度可反映煤分子空间结构的物理性质，与煤的其他性质有密切关系。研究煤的结构、煤的精选加工以及计算煤层平均质量等，都要测定煤的真密度。不同煤化度的煤真密度差异较大，并随煤化度呈规律性变化，从褐煤到烟煤的真密度变化不甚明显，碳含量在 85% 左右的烟煤真密度最低（$1.28 \sim 1.30g/cm^3$），然后随煤化度加深真密度逐渐增大，至无烟煤阶段，真密度随煤化程度加深而急剧增加。同一煤化程度的煤（用碳含量表示），其不同煤岩显微组分的真密度也有差别，丝质组（见惰质组）的真密度最大，镜质组较小，稳定组最小。煤中矿物质的真密度比煤有机质的真密度大得多，因此矿物质的含量愈多，则煤的真密度愈高。

纯煤真密度是指除去矿物质和水分后煤中有机质的真密度，它在高变质煤中可作为煤分类的一项参数，在国外已经有用来作为划分无烟煤类的依据。

B 煤的真相对密度 TRD

煤的真相对密度是指在 20℃时煤（不包括煤的孔隙）的质量与同体积水的质量之比，用符号 TRD 来表示。煤的真相对密度是煤的主要物理性质之一。在研究煤的煤化程度、确定煤的类别、选定煤在减灰时的重液分选密度等，都要涉及煤的真相对密度。

煤的真相对密度的测定用密度瓶法，按国家标准（GB/T 217—2008）以水做置换介质，根据阿基米得定律进行计算。该法的基本要点：以十二烷基硫酸钠溶液为浸润剂，在一定容积的密度瓶放入一定质量的煤样并加少量浸润剂，随后向瓶中加一定量的蒸馏水，在一定的操作下使煤样在密度瓶中润湿、沉降并排出吸附的气体，根据煤样的质量和它排出的水的质量计算煤的真相对密度。

（1）煤的真相对密度计算：

$$TRD_{20}^{20} = \frac{m_d}{m_2 + m_d - m_1} \qquad (2\text{-}1)$$

式中　TRD_{20}^{20}——干燥煤的真相对密度；

　　　m_d——干燥煤样的质量，g；

　　　m_2——密度瓶加煤样、浸润剂和水的质量，g；

　　　m_1——密度瓶加浸润剂和水的质量，g。

（2）干燥煤样的质量计算：

$$m_d = m \times \frac{100 - M_{ad}}{100} \qquad (2\text{-}2)$$

式中 m——空气干燥煤样的质量，g；

M_{ad}——空气干燥煤样的水分，%。

（3）在室温下真相对密度的计算：

$$\text{TRD}_{20}^{20} = \frac{m_d}{m_2 + m_d - m_1} \times K_t \tag{2-3}$$

式中 K_t——t℃下温度校正系数。

$$K_t = \frac{d_t}{d_{20}} \tag{2-4}$$

式中 d_t——水在 t℃时真相对密度；

d_{20}——水在20℃时的真相对密度。

C 煤的视相对密度 ARD

煤的视相对密度是指在20℃时煤（不包括煤粒间的空隙，但包括煤粒内的孔隙）的质量与同体积水的质量之比，用符号 ARD 表示。计算煤的埋藏量以及煤的运输、粉碎和燃烧等过程，均需要煤的视相对密度数据。

测定煤的视相对密度的要点是，称取一定粒度的煤样，表面用蜡涂封后（防止水渗入煤样内的孔隙）放入密度瓶中，以十二烷基硫酸钠溶液为浸润剂，测出涂蜡煤粒所排开同体积水的溶液的质量，计算出涂蜡煤粒的视相对密度，减去蜡的密度后，求出20℃时煤的视相对密度。

D 煤的堆密度

煤的堆密度是指单位体积（包括煤粒间的空隙及煤粒内的孔隙）煤的质量，即单位体积散装煤的质量，又叫煤的散密度。在设计煤仓、计算焦炉装煤量和火车、汽车、轮船装载量时要用煤的堆密度数据。堆密度的测定，可在一定容积的容器中用自由堆积方法装满煤，然后称出煤的质量，再换算成单位体积的质量。

2.3.1.4 煤的机械性质

煤的机械性质是指煤在机械力作用下所表现出的各种特性，主要包括煤的硬度、脆度、可磨性和落下强度。

A 煤的硬度

煤的硬度是指煤抵抗外来机械作用的能力。根据外来机械力作用方式的不同，可进一步将煤的硬度分为刻划硬度、压痕硬度和抗磨硬度三类。煤的硬度与煤化程度有关，褐煤和焦煤的硬度最小，约2~2.5；无烟煤的硬度最大，接近4。在不同的煤岩成分中，以惰质组硬度为最大，壳质组最小。镜质组居中。标准矿物的莫氏硬度，见表2-11。

表2-11 标准矿物的莫氏硬度

级 别	1	2	3	4	5	6	7	8	9	10
矿 物	滑石	石膏	方解石	萤石	磷灰石	长石	石英	黄玉	刚玉	金刚石

煤的显微硬度（即压痕硬度）是指煤对坚硬物体压入的对抗能力。显微硬度与煤化程度之间的关系是靠背椅式的变化规律，如图 2-6 所示。"椅背"是无烟煤，"椅面"是烟煤，"椅腿"是褐煤。褐煤阶段显微硬度随煤化程度加深而增加至最大值，到烟煤阶段，显微硬度不断降低，在 $w_{daf}(C) = 89\%$ 附近则有一最低值，而后又迅速升高，到无烟煤阶段几乎呈直线上升。因此显微硬度可作为详细划分无烟煤的指标。

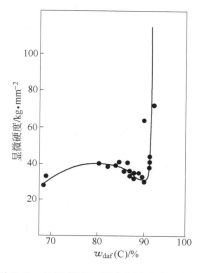

图 2-6　显微硬度与煤化程度之间的关系

B　脆度

脆度是煤受外力作用而破碎的程度。成煤的原始物质、煤岩成分、煤化程度等都对煤的脆度有影响。在不同煤化程度的煤中，长焰煤和气煤的脆度较小，肥煤、焦煤和瘦煤的脆度最大，无烟煤的脆度最小。

C　煤的可磨性

煤的可磨性（HGI）是指煤被磨碎成粉的难易程度。可磨性指数越大，煤越易被粉碎，反之则较难粉碎。随着煤化程度增高，煤的可磨性指数呈抛物线变化（见图 2-7），在碳含量 90% 处出现最大值。中国采用测定煤的可磨性指数的标准（GB/T 2565—1998），哈特格罗夫法计算出煤的可磨性指数值为

$$HGI = 13 + 6.93m \tag{2-5}$$

式中　HGI——煤样的哈氏可磨性指数；

　　　m——通过 0.071mm 筛孔（200 目）的试样质量，g。

D　煤的落下强度

落下强度（SS）是煤炭抗破碎能力的量度，以在规定条件下，一定粒度的煤样自由落下后大于 25mm 的块煤占原煤样的质量分数表示。

煤的落下强度的测定方法：按国家标准（GB/T 15459—2006）将粒度 60～100mm 的块煤，从 2m 高处自由落下到规定厚度的钢板上，然后依次将落到钢板上、粒度大于 25mm 的块煤再次落下，共落下 3 次，以 3 次落下后粒度大于 25mm 的块煤占原块煤煤样的质量分数表示煤的落下强度（SS_{25}）：

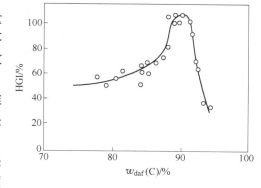

图 2-7　HGI 和煤化程度的关系

$$SS_{25} = \frac{m_1}{m} \tag{2-6}$$

式中　SS_{25}——煤的落下强度，%；

    m ——煤样质量，g；

    m_1 ——实验后大于 25mm 的筛上物质量，g。

煤的落下强度随煤化程度的变化规律如图 2-8 所示。由图可见，中等煤化程度的煤落下强度较低。在不同的煤岩成分中，暗煤的落下强度最高，镜煤次之，丝炭最低；矿物含量较高时落下强度较高；煤受到风化和氧化后落下强度降低。

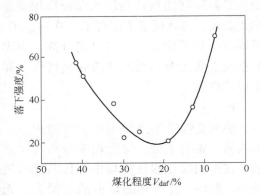

图 2-8　落下强度和煤化程度的关系

2.3.1.5　煤的热性质

煤的热性质与煤的结构密切相关且主要用于煤的热计算。煤的热性质包括煤的比热容、导热性和热稳定性。煤的比热容是指在一定温度范围内，单位质量的煤，温度每升高 1℃ 所需要的热量，也称为煤的质量热容，单位为 kJ/（kg·℃）。比热容随煤化程度的加深而减少，随着水分升高而增大，随着灰分的增加而减少。煤的比热容随温度的升高而呈抛物线形变化，在 350℃ 时，煤的比热容有最大值；到 1000℃ 时，比热容降至与石墨的比热容相接近。

煤的导热性包括导热系数 λ 和导温系数 α 两个基本常数，相同煤样，在同一条件下，λ 与 α 成正比。煤的导热系数与煤的煤化程度、水分、灰分、粒度和温度有关，是热量在煤中直接传导的速度，表示煤的散热能力。煤的导温系数，是指煤所具有的随温度变化（加热或冷却）的能力，是煤不稳定导热的一个特征物理量。实验表明：泥炭的导热系数最低，烟煤的导热系数明显比泥炭高，烟煤中焦煤和肥煤的导热系数最小，而无烟煤有更高的导热系数。同一种煤，煤的导热系数随温度、煤中水分和矿物质含量的增高都有所增大。一般块煤或型煤、煤饼的导热系数比同种煤的粉煤大。煤的导温系数与煤的导热系数有相似的影响因素，也因水分的增加而提高。

煤的热稳定性是指块煤在高温下，燃烧和气化过程中对热的稳定程度。一般褐煤和变质程度深的无烟煤的热稳定性差。煤的热稳定性和成煤过程中的地质条件有关，也和煤中矿物质的组成及其化学成分有关。

2.3.1.6　煤的光学性质

煤的光学性质主要包括煤的反射率、荧光性、透光率和红外光谱等，也可作为煤分类的重要标志。

（1）煤的反射率。在反射光下，显微组分表面的反射光强度与入射光强度的百分数称为反射率，以 $R(\%)$ 表示，镜质组反射率的变化幅度大，通常以镜质组的反射率作为确定变质程度的标准。在确定煤的变质程度（煤阶）时，以用油浸物镜测得的镜质组的平均随机反射率 R_{ran}（或 R_{man}）作为重要的分类指标。

目前使用的反射率测试装置是光电倍增管显微光度计，测定反射率应用的是光电效应原理。一般来说，褐煤在光学上是各向同性的。随着煤化程度的增加，煤由烟煤向无烟煤阶段过渡，光学性质的各向异性逐渐明显，反射率即能反映这一变化，这是由内部结构决定的。

（2）煤的荧光性。煤的荧光性是指煤中稳定组与部分镜质组受蓝光、紫外光、X 射线或阴极射线激发而呈现不同颜色荧光的现象。荧光光度法不仅可以直接用以确定显微组分，同时显微荧光光度参数可以用来确定煤级。

（3）煤的透光率 P_M。透光率能较好地区分低煤化程度的煤，主要是区分褐煤和长焰煤（最年轻的烟煤）的指标。煤的透光率测定方法是将低变质程度煤与硝酸和磷酸的混合酸❶在规定条件下反应产生的有色溶液。根据溶液颜色深浅，以不同浓度的重铬酸钾硫酸溶液为标准，用目视比色法测定煤样的透光率，以符号 P_M 表示。

2.3.1.7　煤的电性质与磁性质

煤的电性质与磁性质，主要包括导电性、介电常数、抗磁性、磁化率等。煤的电性质与磁性质，对于煤的结构研究及其工业应用具有很大的意义。

导电性是指煤传导电流的能力，通常用电阻率（比电阻）、电导率（电阻率的倒数）和介电常数来表示。褐煤电阻率低。褐煤向烟煤过渡时，电阻率剧增。烟煤是不良导体，随着煤化程度增高，电阻率减小，至无烟煤时急剧下降，而具有良好的导电性。煤的电导率随煤化程度的加深而增加，煤的含碳量达到87%以后，电导率急剧增加。同时，煤的介电常数 ε，随煤化程度的增加而减少，在含碳量为87%处出现极小值，然后又急剧增大。

磁性是物质放在不均匀的磁场中会受到磁力作用的性质，与磁场相吸的称为顺磁性，相斥的称为抗磁性。煤的磁性质与煤的结构有关，是煤研究的基础。煤的有机质具有抗磁性。磁化率 K 是指磁化强度 M（抗磁性物质是附加磁场强度）和外磁场强度 H 之比，即

$$K = \frac{M}{H}$$。磁化率是物质的一种宏观性质，煤的抗磁性磁化率一般采用古埃磁力天平测定。

化学上常用比磁化率 X 表示物质磁性的大小。比磁化率是在 $10^{-4}T$（T 为磁感应强度单位，特斯拉）磁场下，1g 物质所呈现的磁化率（即单位质量的磁化率）。煤的比磁化率随着煤化程度加深呈直线的增加，在含碳量79%～91%阶段，直线的斜率减小。煤的比磁化率在烟煤阶段增加最慢，而在无烟煤阶段增加最快，在褐煤阶段增加速度居中。

2.3.2　煤的固态胶体性质

2.3.2.1　煤的润湿性及润湿热

A　煤的润湿性

煤的润湿性是煤吸附液体的一种能力。当煤与液体接触时，如果固体煤的分子对液体分子的作用力大于液体分子之间的作用力，则固体煤可以被润湿，煤的表面黏附该液体。相反，则固体煤不能被润湿。对于同一种固体，不同液体的润湿性不同；对于不同的固体，同一种液体的润湿性也不同。

常用液体的表面张力 σ 和固体表面之间的夹角（接触角）θ 来判断液体对固体的润湿

---

　❶　混合酸是由 1 体积含量 65%～68% 的硝酸，1 体积含量不低于 85% 的磷酸及 9 体积水混合配制而成。其中磷酸主要起隐蔽三价铁干扰的作用，呈黄色的硝酸不能用。

程度，若 $\theta < 90°$，则固体是亲液的，即液体可润湿固体，其接触角越小，润湿性越好；若 $\theta > 90°$，则固体是憎液的，即液体不润湿固体，容易在表面上移动，不能进入毛细孔。如图 2-9。

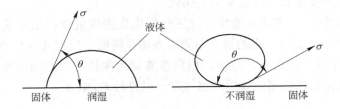

图 2-9　液体和固体间的润湿情况

通过测定接触角可确定液体对煤润湿程度的大小。测定方法主要有粉末法、做板法、液滴法等，对粉煤无法测定其接触角，可将粉煤加压成形块再进行测定。

B　煤的润湿热

煤被液体润湿释放出的热量称为煤的润湿热，单位为 J/g。煤的润湿热通常用量热计直接测定。煤的润湿热是液体与煤表面相互作用，主要是由范德华力或极性分子的作用引起，润湿热的大小与液体种类和煤的表面积有关。

由于甲醇是比较好的试剂，对煤的润湿能力强，甲醇润湿热与煤化度大致呈抛物线的关系，低煤化度的润湿热很高，但随煤化度的增加而急剧下降。当 $w_{daf}(C)$ 接近 90% 时，润湿热达到最低点，以后又逐渐回升。根据润湿热的测定值可以粗略确定煤的内表面积。

2.3.2.2　煤的表面积

煤的表面积包括外表面积和内表面积两部分，但外表面积所占比例极小，主要是内表面积。煤的内表面积是指煤内部孔隙结构的全部表面积（孔壁面积），一般以比表面积（m²/g）表示，它是煤的重要物理指标之一。煤内表面积的大小不仅对了解煤的生成过程及煤的微观结构和化学反应性是重要的，而且与煤的高真空热分解、溶剂抽提、气相氧化等性质有密切关系。

煤比表面积的测定方法有多种，如润湿热法、BET 法、气相色谱法和孔体积法（P. D. 法）等。煤的比表面积随煤化程度的变化具有一定的规律性。褐煤与无烟煤的比表面积大，中等煤化度的煤比表面积小，反映了煤化过程中分子空间结构的变化。

2.3.2.3　孔隙度和孔径分布

A　煤的孔隙度

煤粒内部存在许多毛细管和一定的孔隙，孔隙体积占煤的总体积之比称为煤的孔隙度或气孔率，也可用单位质量煤包含的孔隙体积（cm³/g）表示，见式（2-7）或式（2-8）。采用式（2-7）计算，是因为氦分子能充满煤的全部孔隙，而汞（水银）在不加压的条件下完全不能进入煤的孔隙。采用式（2-8）是用真相对密度、视相对密度加以计算。

$$孔隙度 = \frac{d_{氦} - d_{汞}}{d_{氦}} \times 100\% \tag{2-7}$$

式中 $d_氮$，$d_汞$——分别为用氮和汞测定的煤的密度，g/cm^3。

$$孔隙度 = \frac{TRD - ARD}{TRD} \times 100\% \qquad (2-8)$$

孔隙度与煤化程度之间呈一定的变化规律，煤化程度较高和煤化程度较低的煤孔隙度高，而中煤化程度的煤在碳含量约89%附近煤孔隙度出现最低值。由于煤化程度的增加，煤在变质作用下结构紧密，孔隙度下降，但煤化程度再增高，煤的裂隙增加紧密，孔隙度又有所增加。影响孔隙度的因素很多，除煤化程度外，还受成煤条件、煤岩显微结构等因素的影响。

B 孔径分布

煤的孔径大小并不是均一的，大致分为：微孔，其直径小于100nm；过渡孔，孔径为100~1000nm；中孔，孔径为1000~10000nm；大孔，孔的直径大于10000nm。孔径分布可用压汞法、氮气等温（-196℃）吸附等方法来测定。

不同煤化程度煤的孔隙体积分布有以下变化规律：

（1）碳含量低于75%的褐煤，粗孔占优势，过渡孔基本没有。

（2）碳含量在75%~82%之间的煤，过渡孔特别发达，孔隙总体积主要由过渡孔和微孔决定。

（3）碳含量在88%~91%的煤，微孔占优势，其体积占总体积70%以上；过渡孔一般很少。

2.3.3 煤的化学性质

煤的化学性质是指煤与各种化学试剂在一定条件下发生化学反应的性质，以及煤用不同溶剂萃取的性质。煤的化学反应种类很多，有氧化、加氢、卤化、磺化、水解和烷基化等。

2.3.3.1 煤的氧化

煤的氧化是放热反应。煤在氧化过程中同时伴随着结构从复杂到简单的降解过程，所以也称氧解。煤的氧化是常见现象，分为轻度氧化和深度氧化两种。不管是在理论上还是实践中，研究煤的氧化都有重要意义。

A 煤的氧化阶段

煤的氧化可以按其进行的深度或主要产品分为五个阶段。第一阶段属于煤的表面氧化，氧化过程发生在煤的内、外表面。第二阶段的氧化结果生成可溶于碱的再生腐殖酸。第一阶段和第二阶段属于煤的轻度氧化。第三阶段生成可溶于水的较复杂的次生腐殖酸。第四阶段生成溶于水的有机酸。这两个阶段属于深度氧化，在选择相应的氧化条件和氧化剂时，可以控制氧化的深度。第五阶段是程度最深的氧化，一旦反应启动，氧化深度难以控制。

B 煤的风化、自燃及预防

（1）煤的风化。煤的风化是指在大气、水、温度变化和生物活动等外界因素作用下，使煤逐渐崩解破碎成碎块和细粒的过程，经过风化的煤称为风化煤。褐煤、烟煤、无烟煤均可被风化成风化煤。风化煤一般都是露头煤，外观黑色无光泽，质酥软，可用手指捻碎。碎后呈褐色或黑褐色，阳光下略带棕红色。

风化后煤的性质发生改变，表现为失去光泽，硬度降低，变脆而易崩裂，煤的散密度增加，吸湿性增强；碳含量和氢含量下降，氧含量上升，含氧酸性官能团增加，含有再生腐殖酸；发热量减少，着火点降低，黏结性下降；干馏时焦油产率下降明显，气体中 CO_2 和 CO 增加，氢气和烃类减少。低煤化程度的煤在风化后挥发分减少，而高煤化度煤的挥发分却增加。

（2）煤的自燃。在有空气存在的情况下，煤的温度一旦达到着火点就会燃烧，这是由于煤的低温氧化、自热而燃烧，故称为自燃。煤的自燃与煤质、煤岩组成、黄铁矿含量和散热与通风条件有很大关系，各种煤中以年轻的褐煤最易自燃；在一般情况下，各显微组分的氧化活性的大小顺序为：镜质组 > 壳质组 > 惰质组；黄铁矿含量高能促进氧化和自燃；自然堆放时，由于大量煤堆积，热量不易散失，且煤堆比较疏松，与空气接触面大，容易引起自燃。

针对上述因素，减少和防止煤的风化和自燃采取的措施有：隔断空气；通风散热；通过洗选减少黄铁矿含量；不要储存太久，尤其是年轻煤应尽可能缩短储存期。

2.3.3.2 煤的加氢

煤的加氢需要供氢溶剂、高压下的氢气及催化剂等，且反应非常复杂，其中有热解反应、供氢反应、脱杂原子反应、脱氧反应、脱硫反应、脱氮反应、加氢裂解反应、缩聚反应等，因此工艺和设备比较复杂。它主要分为轻度加氢和深度加氢两种。轻度加氢：在反应条件温和的条件下，与少量氢结合，煤的外形没有发生变化，元素组成变化不大，但很多性质发生了明显的变化，如低变质程度烟煤和高变质程度烟煤的黏结性、在蒽油中的溶解度大大增加，接近于中等变质程度烟煤。深度加氢：煤在激烈的反应条件下与更多的氢反应，转化为液体产物和少量气态烃。要使煤液化转变为石油等，需要深度加氢；而转变为沥青质类物质，则需使用轻度加氢。

煤的加氢可以对煤的结构进行研究，并且可使煤液化，制取液体燃料或增加煤的黏结性、脱灰、脱硫，制取溶剂精制煤，以及制取结构复杂和有特殊性质的化工中间物。从煤的加氢能得到产率很高的芳香性油状物，已分离鉴定出的化合物达 150 种以上。

2.3.3.3 煤的氯化

煤在低于 100℃下水介质中氯化。由于水的强离子化作用，氯化反应速度很快，煤的转化深度加大。水介质中的煤氯化反应主要有取代、加成、氧化、盐酸生成、脱矿物质和脱硫等反应。煤发生氯化反应的条件要求：原料煤可用褐煤和年轻烟煤。煤粉悬浮于水中，反应温度 80℃左右，时间几个小时，氯气流量大小以尾气中含氯量低为条件。氯化反应的产物——氯化煤为棕褐色固体，不溶于水，对原料煤计算的产率一般大于 100%，广泛用做水泥分散剂、鞣革剂、活性炭、四氯化碳等。

2.3.3.4 煤的磺化

煤的磺化是煤与发烟硫酸或浓硫酸作用的反应，所得的磺化产物——磺化煤。色黑无光泽，呈不规则多孔颗粒状。磺化反应使煤结构的芳香环上引入磺酸基（—SO_3H）；同时，由于浓硫酸的氧化作用，还把芳香环侧链上的烷基氧化为羧基（—COOH）和羟基（—OH）。这些基团上的氢都能被一些金属离子所置换。因此，磺化煤是一种阳离子交换剂，已在工业上得到应用。

工艺条件采用机械强度好，水分、灰分、硫含量低，挥发分大于20%（质量）的烟煤，煤粒度2~4mm，粒度太大磺化不易完全，粒度过小使用时阻力大；硫酸浓度大于90%，发烟硫酸反应效果更好，硫酸对煤的质量之比为（3~5）：1；反应温度110~160℃较适宜；反应时间一般在9h左右。用食盐水处理磺化煤，得钠型磺化煤，其交换能力比氢型要高。广泛用于锅炉用水的软化、废水中贵金属的回收、污水处理、钻井泥浆添加剂以及制备活性炭等。

习　题

A　选择题

1. 根据成煤植物种类的不同，煤可分为（　　　）两大类。
   - A. 腐殖煤　　　　　B. 无烟煤　　　　　C. 腐泥煤　　　　　D. 烟煤
2. 成煤过程大致可分为（　　　）两个阶段。
   - A. 变质阶段　　　　B. 泥炭化阶段　　　C. 煤化阶段
3. 煤的宏观岩相成分包括（　　　）及丝炭等四种。
   - A. 镜煤　　　　　　B. 亮煤　　　　　　C. 暗煤　　　　　　D. 泥炭
4. 在各种宏观煤岩成分中，（　　　）的光泽最强。
   - A. 镜煤　　　　　　B. 亮煤　　　　　　C. 暗煤　　　　　　D. 丝炭
5. 液体的表面张力与固体表面间的夹角小于90°则（　　　）。
   - A. 能润湿　　　　　B. 不能润湿　　　　C. 无关

B　简答题

1. 根据成因可将煤分成哪几类？
2. 成煤过程包括哪几个阶段，每一个阶段的主要作用是什么？
3. 什么是宏观煤岩成分和显微组分，宏观煤岩成分和显微组分有哪几种？
4. 什么是凝胶化作用和丝炭化作用？
5. 什么是煤的真相对密度、视相对密度和堆密度，它们有什么区别，与煤质有何关系？
6. 什么是煤的显微硬度，与煤化程度有何关系？
7. 什么是煤的透光率，如何测定？
8. 什么是煤的可磨性，它和煤化程度有何关系？
9. 简述煤的落下强度测定原理。
10. 什么是煤的颜色，它和煤化程度有何关系？
11. 什么是煤的氧化，煤的氧化可分为哪几个阶段？
12. 什么是煤的氢化，煤的氢化主要发生哪些反应？
13. 什么是煤的磺化，煤发生磺化反应的条件有哪些？
14. 什么是煤的风化，如何预防煤的风化和自燃？

3 煤样的采集和制备

学习目标

【1】了解煤样采集和制备的重要性；

【2】理解采集和制备的相关概念；

【3】知道采样的基本原理、基本要求和工具；

【4】熟悉掌握煤层煤样和商品煤样的采样方法；

【5】能够掌握制样的步骤和各种取样法的不同点；

【6】通过示例分析理解煤样的制备过程。

煤样是指为确定煤的某些特性而从煤中采取的具有代表性的一部分煤。煤炭采样和制样的目的，是为了获得一个其试验结果能代表整批被采样煤的试验煤样。为保证煤质检验结果的准确性，必须正确地掌握煤样的采集和制备方法。

3.1 采样的基础知识

煤样的采集是指按照国家标准规定的方法从大量煤中采取具有代表性的一部分煤的过程，简称采样。

3.1.1 采样的基本原理

采样的基本原理：在一批煤的各规定位置上分别采取一定量的若干个子样，由此汇集成一个总样。采样的方法是基于煤质的不均一性而制定的。子样的份数是由煤的不均匀程度和采样的精密度所决定的，子样质量达到一定限度之后，再增加质量，就不能显著提高采样的精密度了。

3.1.2 采样的基本要求

采样时被采样批煤的所有颗粒都可能进入采样设备，每一个颗粒都有相等的概率被采入试样中。

3.1.3 采样的精密度

在所有的采样、制样和化验方法中，误差总是存在的，同时用这样的方法得到的任一指定参数的试验结果也将偏离该参数的真值。由于不能确切了解"真值"，单次测定结果对"真值"的绝对偏倚是不可能测定的，而只能对该试验结果的精密度做一估算。对同一煤样进行一系列平行测定所得结果间的彼此符合程度就是精密度，即单次采样测定值与对同一煤（同一来源，相同性质）进行无数次采样的测定值的平均值的差值（在 95% 概率下）的极限值。而这一系列平行测定结果的平均值对可以接受的参比值的偏离程度就是偏倚。当采集的样品精密度合格，且又不存在偏倚时，说明所采样品具有代表性。采样精密度通常用煤的灰分进行评定，也可以用煤的全水分、发热量和全硫进行评定。例如采样精密度为 ±1%（灰分），它意味着经过采样、制样和分析所得的灰分值与被采煤样的总体平均值（真值）之间的差值，有 95% 的概率不超过 ±1%。

3.2　煤层煤样采取方法

3.2.1　煤层煤样采样总则

3.2.1.1　煤层煤样

煤层煤样是按规定在采掘工作面、探巷或坑道中从一个煤层采取的煤样。煤层煤样可以代表该煤层的性质、特征，用以确定该煤层的开采及使用价值。它分为煤层分层煤样和煤层可采煤样两种。

煤层分层煤样指按规定从煤和夹石层的每一自然分层中分别采取的试样。当夹石层厚度大于 0.03m 时，作为自然分层采取。采取分层煤样的目的在于鉴定各煤层和夹石层的性质，核对可采煤样的代表性。

煤层可采煤样是指按采煤规定的厚度应采取的全部试样（包括煤分层和夹石层）。煤层可采煤样的采样目的在于确定应开采的全部煤分层及夹石层的平均性质。其采取范围包括应开采的全部煤分层和厚度小于 0.30m 的夹石层；对于分层开采的厚煤层，则按分层开采厚度采取。厚度不小于 0.30m 的夹石层，应单独采取；若生产时不能单独开采，可按实际情况采取可采煤样，但应在分析报告中明确说明。对露天矿，开采台阶高度在 3.00m 以下的煤层按本方法采取，台阶高度超过 3.00m 且用此方法采取确有困难时，可用回转式钻机取出煤芯，作为可采煤样。

3.2.1.2　采样的要求

煤层煤样由煤质管理部门负责采取，具体采样地点需按相应的标准确定，如遇特殊情况可和地质部门共同确定。采样工作应严格遵守《煤矿安全规程》，确保人身安全。采样时应注意：

（1）分层煤样和可采煤样应同时采取，在采样前，应剥去煤层表面氧化层。

（2）煤层煤样应在地质构造正常的地点采取，但如地质构造对煤层破坏范围很大而又应采样时，也应进行采样。

（3）煤层煤样应在矿井掘进巷道中和回采工作面上采取。对主要巷道的掘进工作面，每前进 100～500m 至少采取一个煤层煤样；对回采工作面每季至少采取一次煤层煤样，采取数目按回采工作面长度确定：小于 100m 的采一个，100～200m 的采两个，200m 以上的采三个。如煤层结构复杂、煤质变化很大时，应适当增加采煤层煤样。

3.2.2　煤层煤样采样步骤

3.2.2.1　采取煤层煤样的准备工作

首先剥去煤层表面氧化层，并仔细平整煤层表面，平整后的煤层表面必须垂直顶、底板，然后在平整过的煤层表面上，由顶至底画四条垂直顶、底板的直线，当煤层厚度大于或等于 1.30m 时，直线之间的距离为 0.10m；当煤层厚度小于 1.30m 时，直线之间的距离为 0.15m；若煤层松软，第二、三条线之间的距离可适当放宽。在第一、二条线之间采取分层煤样，在第三、四条线之间采取可采煤样，刻槽深度均为 0.05m。对于厚度不大于0.03m 的夹石层应归入到相邻的煤分层中采取。采样时，线内分层中的煤或夹石都得采下，且不得采取线外的煤或夹石。

3.2.2.2　分层煤样的采取方法

分层煤样采取时在第一、二条线间标出煤和夹石的各个自然分层，量出各自然分层的厚度和总厚度，并加以核实。详细记录各个自然分层的岩性、厚度及其他有关事项。

在采样点的底板上放好一块铺布，使采下来的煤样都能落在铺布上，按自然分层分别采取。每采下一个自然分层即全部装入煤样袋内，并将袋口扎紧，铺布清理干净，接着再采取另一个自然分层，直到采完为止。

每个煤样袋均需附有按规定填好的标签。标签规定格式如表 3-1 所示。

表 3-1　标签[①]规定格式

1. 采样地点：＿＿＿＿＿＿＿＿＿＿；
2. 工作面编号：＿＿＿＿＿＿＿＿；
3. ＿＿＿＿＿煤样编号＿＿＿＿＿；
4. 采样人：＿＿＿＿＿＿＿＿＿＿；
5. 采样时间：＿＿＿＿年＿＿月＿＿日。

①标签填好后装入标签塑料袋。

分层煤样编号：×—分—×。例如，2—分—4 表示第二号煤层的第四个分层煤样。

3.2.2.3　可采煤样的采取方法

可采煤样采取时在采样点的底板上放好一块铺布，使采下的煤样都能落在铺布上，将开采时应采的煤分层及夹石层一起采取，所采煤样全部入煤样袋内，每个煤样袋均需附有按规定填好的标签，见表 3-1。采样时，线内应采的煤和夹石都得采下，且不得采取线外的煤和夹石。

可采煤样编号示例：2—可—1，2，3，…，表示第二号煤层的可采煤样，包括 1，2，3，…分层。

3.2.3　煤层煤样的分析

采完煤层煤样以后，不得在井下处理煤样，而应及时送到制样室，按 GB 474—2008制备煤样。分层煤样制成一般分析试验煤样，可采煤样根据化验项目要求进行制样，通常应制备出全水分试样和一般分析试验煤样。

可采煤样代表性核对按照 GB/T 212—2008 测定可采煤样的水分和灰分。比较应开采部分分层煤样的加权平均灰分与可采煤样的灰分，若它们之间的相对差值 Δ 不超过 10%，可采煤样的代表性符合要求；否则，可采煤样缺乏代表性，应废弃，重新采取。相对差值 Δ 按式（3-1）计算。

$$\Delta = \frac{\overline{A}_{d,\text{开}} - A_{d,\text{可}}}{\dfrac{\overline{A}_{d,\text{开}} + A_{d,\text{可}}}{2}} \times 100\%$$ (3-1)

式中　$\overline{A}_{d,\text{开}}$——应开采部分分层煤样的干燥基加权平均灰分质量分数,%；

　　　$A_{d,\text{可}}$——可采煤样的干燥基灰分质量分数,%。

按 GB/T 212—2008 和 GB/T 217—2008 规定分层煤样应进行水分、灰分和真相对密度的测定，可采煤样代表性经核对合格后进行工业分析和全水分、全硫、发热量、真相对密度等项目的测定。厚度的测量及灰分、真相对密度的测定结果取小数点后两位。测定结果按式（3-2）计算全部分层煤样、煤分层煤样和应开采部分分层煤样的加权平均灰分：

$$\overline{A}_d = \frac{A_{d1} \cdot t_1 \cdot \text{TRD}_1 + A_{d2} \cdot t_2 \cdot \text{TRD}_2 + \cdots + A_{dn} \cdot t_n \cdot \text{TRD}_n}{t_1 \cdot \text{TRD}_1 + t_2 \cdot \text{TRD}_2 + \cdots + t_n \cdot \text{TRD}_n}$$ (3-2)

式中　　　　　$\overline{A}_d$——干燥基煤样的加权平均灰分质量分数,%；

$A_{d1}, A_{d2}, \cdots, A_{dn}$——第 1, 2, $\cdots$, n 个煤分层或夹石层的干燥基灰分质量分数,%；

　$t_1, t_2, \cdots, t_n$——第 1, 2, $\cdots$, n 个煤分层或夹石层的厚度, m；

$\text{TRD}_1, \text{TRD}_2, \cdots, \text{TRD}_n$——第 1, 2, $\cdots$, n 个煤分层或夹石层的真相对密度。

3.2.4　结果报告

煤层煤样的结果报告，如表 3-2 所示。

表 3-2　煤层煤样报告表

第_____号　　　采样日期：_____年____月____日

　　　　　　　　　填表日期：_____年____月____日

1. _____矿务局_____矿_____井_____层

2. 采样地点：_____

3. 工作面情况（顶板、地板和出水情况）：_____

_____

4. 煤层厚度和灰分

（1）（全部）分层厚度____ m，灰分$\overline{A}_d$____%

（2）应开采部分分层厚度____ m，灰分$\overline{A}_d$____%

（3）煤分层厚度____ m，灰分$\overline{A}_d$____%

5. 可采煤样的编号

_____可_____

6. 可采煤样的分析试验结果

项　目	$M_t/\%$	$M_{ad}/\%$	$A_d/\%$	$V_{daf}/\%$	焦渣特征 (1~8)	$w_d(\text{FC})/\%$	$w_d(\text{St})$ /%	$Q_{g,d}$ /MJ·kg^{-1}	...
原　煤									
浮　煤									

3.3 商品煤样采取方法

商品煤样是代表商品煤平均性质的煤样。商品煤样的分析实验结果是确定商品煤质量的根据，并作为计价的依据。

3.3.1 人工采样工具

3.3.1.1 人工采样工具的基本要求

采样器具的开口宽度应满足式（3-3）的要求且不小于30mm，如果用于落流采样，采样器开口的长度要大于截取煤流的全宽度（前后移动截取时）或全厚度（左右移动截取时）。器具的容量应至少能容纳1个子样的煤量，且不被试样充满，煤不会从器具中溢出或泄漏。子样抽取过程中，不能将大块的煤或矸石等推到一旁。黏附在器具上的湿煤应尽量少且易除去。

$$W > 3d \tag{3-3}$$

式中　W——采样器具开口横截面的最小宽度，mm；

　　　　d——煤的标称最大粒度，mm。

3.3.1.2 常见人工采样工具

常见人工采样工具有采样斗、采样铲、手工螺旋钻、人工切割斗、停带采样框等。

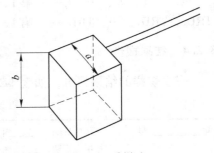

图 3-1　采样斗

（1）采样斗：（图3-1）用不锈钢等不易黏煤的材料制成，适用于从下落煤流中采样。

（2）采样铲：（图3-2）由钢板制成并配有足够长度的手柄，适用于标称最大粒度50mm。如进行其他粒度的煤采样可相应调整铲的尺寸。铲的底板头部可为尖形。

（3）手工螺旋钻：（图3-3）钻的开口和螺距应为被采样煤标称最大粒度的3倍。

（4）人工切割斗：（图3-4）用于人工或在机械辅助下，对落下煤流采样。

（5）停带采样框：（图3-5）采样框由两块平行的边板组成，板间距离至少为被采样煤标称最大粒度的3倍（但不应小于30mm），边板底缘弧度与皮带弧度相近。

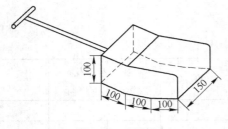

图 3-2　采样铲

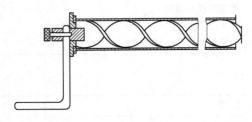

图 3-3　手工螺旋钻

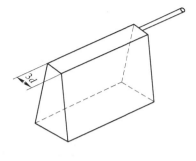

图 3-4　人工切割斗

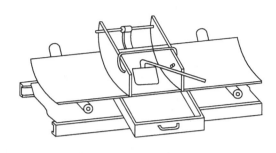

图 3-5　停带采样框

3.3.2　采样精密度

在国家标准 GB 475—2008《商品煤样采取方法》中，根据煤炭品种和灰分来规定采样精密度，具体数值如表 3-3 所示。

表 3-3　商品煤采样精密度

原煤、筛选煤		精　煤	其他洗煤（包括中煤）
干基灰分≤20%	干基灰分 >20%		
±（1/10）×灰分,但不小于 ±1%（绝对值）	±2% （绝对值）	±1% （绝对值）	±1.5% （绝对值）

注：实际应用中为原煤、筛选煤、精煤和其他洗煤（包括中煤）的采样、制样和化验总精密度。

假定一个被采样原煤的灰分总体平均值为 18%，则其采样精密度应为 18 ×（ ±1/10）= ±1.8%；而对于灰分小于 10% 的煤，不管其灰分为多少，其采样精密度都应为 ±1%，而不能按灰分值×（ ±1/10）来计算。

3.3.3　商品煤的采取方法

3.3.3.1　采样单元

商品煤按品种分，以 1000t 为一基本采样单元。

当批煤量不足 1000t 或大于 1000t 时，可根据实际情况，以一列火车装载的煤、一船装载的煤、一车或一船舱装载的煤、一段时间内发送或接收的煤量为一采样单元。

如需进行单批煤质量核对，应对同一采样单元煤进行采样、制样和化验。

3.3.3.2　子样数目

采取子样的数目视分析化验单位和煤的品种等不同而异。

（1）原煤、筛选煤、精煤及其他洗煤（包括中煤）的基本采样单元子样数见表 3-4。

表 3-4　采样基本单元最少子样数目

品　种	灰分范围 A_d	采样地点				
		煤流	火车	汽车	煤堆	船舶
原煤、筛选煤	>20%	60	60	60	60	60
	≤20%	30	60	60	60	60
精　煤	—	15	20	20	20	20
其他洗煤(包括中煤)	—	20	20	20	20	20

（2）采样单元煤量少于 1000t 时，子样数目根据表 3-4 规定子样数按比例递减，但最少不能少于表 3-5 规定的数目。

表 3-5　采样单元煤量少于 1000t 时的最少子样数

品　种	灰分范围 A_d	采样地点				
		煤流	火车	汽车	煤堆	船舶
原煤、筛选煤	>20%	18	18	18	30	30
	≤20%	10	18	18	30	30
精　煤	—	10	10	10	10	10
其他洗煤(包括中煤)	—	10	10	10	10	10

（3）采样单元煤量大于 1000t 时的子样数目，按下式计算：

$$N = n \sqrt{\frac{M}{1000}} \tag{3-4}$$

式中　N——应采子样数目，个；

　　　n——表 3-3 规定的子样数目，个；

　　　M——被采样煤批量，t；

　　1000——基本采样单元煤量，t。

（4）批煤采样单元数的确定。

一批煤可作为一个采样单元，也可按下式划分为 m 个采样单元：

$$m = \sqrt{\frac{M}{1000}} \tag{3-5}$$

式中　M——被采样煤批量，t。

将一批煤分为若干个采样单元时，采样精密度优于作为一个采样单元时的采样精密度。

3.3.3.3　试样质量

A　总样的最小质量

表 3-6 和表 3-7 分别列出了一般煤样（共用煤样）、全水分煤样和粒度分析煤样的总样或缩分（见 3.4.3）后总样的最小质量。表 3-6 给出的一般煤样的最小质量可使由于颗粒特性导致的灰分方差减小 0.01，相当于精密度为 0.2%。为保证采样精密度符合要求，当按式（3-6）计算的子样质量和表 3-4、表 3-5 给出的子样数采样，当总样质量达不到表

3-6 和表 3-7 规定值时，应增加子样数或子样质量直至总样质量符合要求。否则，采样精密度很可能会下降。

表 3-6 一般煤样总样、全水分总样/缩分后总样最小质量

标称最大粒度 /mm	一般煤样和共用煤样/kg	全水分煤样 /kg	标称最大粒度 /mm	一般煤样和共用煤样/kg	全水分煤样 /kg
150	2600	500	13	15	3
100	1025	190	6	3.75	1.25
80	565	105	3	0.7	0.65
50	170①	35	1.0	0.10	—
25	40	8			

①标称最大粒度 50mm 的精煤，一般分析和共用试样总样最小质量可为 60kg。

表 3-7 粒度分析总样的最小质量

标称最大粒度 /mm	精密度① 1% 的质量/kg	精密度 2% 的质量 /kg	标称最大粒度 /mm	精密度① 1% 的质量/kg	精密度 2% 的质量 /kg
150	6750	1700	25	36	9
100	2215	570	13	5	1.25
80	1070	275	6	0.65	0.25
50	280	70	3	0.25	0.25

①精密度为测定筛上物产率的精密度，即粒度大于标称最大粒度的煤的产率的精密度，对其他粒度组分的精密度会更好。

B 子样最小质量

子样最小质量按式（3-6）计算，但最少为 0.5kg。

$$m_a = 0.06d \qquad (3\text{-}6)$$

式中 m_a——子样最小质量，kg；

d——被采样煤标称最大粒度，mm。

表 3-8 给出了部分粒度的初级子样或缩分后子样最小质量。

表 3-8 部分粒度的初级子样最小质量

标称最大粒度/mm	子样质量参考值/kg	标称最大粒度/mm	子样质量参考值/kg
100	6.0	13	0.8
50	3.0	≤6	0.5
25	1.5		

C 子样平均质量

当按规定子样数和规定的最小子样质量采取的总样质量达不到表 3-6 和表 3-7 规定的总样最小质量时，应将子样质量增加到按式（3-7）计算的子样平均质量。

$$\overline{m} = \frac{m_g}{n} \qquad (3\text{-}7)$$

式中　$\overline{m}$——子样平均质量，kg；

　　　m_g——总样最小质量，kg；

　　　n——子样数目。

3.3.3.4　采样方法——初级子样采取方法

A　移动煤流采样

移动煤流采样可在煤流落流中或皮带上的煤流中进行。为安全起见，不推荐在皮带上的煤流中进行。采样可按时间基或质量基以系统采样方式或分层随机采样方式进行。从操作方便和经济的角度出发，时间基采样较好。采样时，应尽量截取一完整煤流横截段作为一子样，子样不能充满采样器或从采样器中溢出。试样应尽可能从流速和负荷都较均匀的煤流中采取。应尽量避免煤流的负荷和品质变化周期与采样器的运行周期重合，以免导致采样偏倚，如果避免不了，则应采用分层随机采样方式。

a　落流采样法

落流采样法不适用于煤流量在 400t/h 以上的系统。煤样在传送皮带转输点的下落煤流中采取。采样时，采样装置应尽可能地以恒定且小于 0.6m/s 的速度横向切过煤流。落流采样法又分系统采样和分层随机采样。

（1）系统采样。初级子样应均匀分布于整个采样单元中。子样按预先设定的时间间隔（时间基采样）或质量间隔（质量基采样）采取。在整个采样过程中，采样器横过煤流的速度应保持恒定。如果预先计算的子样数已采够，但该采样单元煤尚未流完，则应以相同的时间/质量间隔继续采样，直至煤流结束。为保证实际采取的子样数不少于规定的最少子样数，实际子样时间/质量间隔应等于或小于计算的子样间隔。子样质量与煤的流量成正比。初级子样质量应大于式（3-6）计算值。

采取子样的时间间隔 $\Delta t(\min)$ 和质量间隔 $\Delta m(\mathrm{t})$ 按式（3-8）和式（3-9）计算：

$$\Delta t \leqslant \frac{60 m_{sl}}{Gn} \tag{3-8}$$

式中　m_{sl}——采样单元煤量，t；

　　　G——煤最大流量，t/h；

　　　n——总样的初级子样数目。

$$\Delta m \leqslant \frac{m_{sl}}{n} \tag{3-9}$$

式中　Δm——采样单元煤量，t；

　　　n——总样的初级子样数目。

（2）分层随机采样。它不是以相等的时间或质量间隔采取子样，而是在预先划分的时间间隔（按式 3-8 计算）或质量间隔（按式 3-9 计算）内以随机时间或质量采取子样。采样中，两个分属于不同的时间或质量间隔的子样很可能非常靠近，因此初级采样器的卸煤箱应该至少能容纳两个子样。

b　停皮带采样法

各种采样方法中为防止采集过多的大块或小粒度煤而引入偏倚，最理想的采样方法是停皮带采样法。停皮带采样是从停止的皮带上取出一全横截段作为一子样，是唯一能够确保所有颗粒都能采到的、不存在偏倚的方法。停皮带子样在固定位置、用专用采样框（见图 3-5）采取。采样时，将采样框放在静止皮带的煤流上，并使两边板与皮带中心线垂直。将边板插入煤流至底缘与皮带接触，然后将两边板间煤全部收集。阻挡边板插入的煤粒按左取右舍或者相反的方式处理，即阻挡左边板插入的煤粒收入煤样，阻挡右边板插入的煤粒弃去，或者相反。开始采样怎样取舍，在整个采样过程中也怎样取舍。粘在采样框上的煤应刮入试样中。

在大多数常规采样情况下，停皮带采样是不实际的，故只在偏倚试验时作为参比方法使用。

B　静止煤采样方法

静止煤采样方法适用于火车、汽车、驳船、轮船等载煤和煤堆的采样。

静止煤采样应首选在装/堆煤或卸煤过程中进行，如不具备在装煤或卸煤过程中采样的条件，也可对静止煤直接采样。直接从静止煤中采样时，应采取全深度试样或不同深度（上、中、下或上、下）的试样；在能够保证运载工具中煤的品质均匀且无不同品质的煤分层装载时，也可从运载工具顶部采样。无论用何种方式采样，都应通过偏倚试验（见 GB 474—2008 附录 C），证明其无实质性偏倚。

在从火车、汽车和驳船顶部煤采样的情况下，在装车（船）后应立即采样；在经过运输后采样时，应挖坑至 0.4 ~ 0.5m 采样，取样前应将滚落在坑底的煤块和矸石清除干净。子样应尽可能均匀布置在采样面上，要注意在处理过程（如装卸）中离析导致的大块堆积（例如，在车角或车壁附近的堆积）。

采取子样时，探管/钻取器或铲子应从采样表面垂直（或成一定倾角）插入。采样单元数、子样数、子样最小质量及总样的最小质量同表 3-6 ~ 表 3-8 的要求，子样分布方法有系统采样法和随机采样法两种。

（1）系统采样法。将采样车厢/驳船表面分成若干面积相等的小块并编号，然后依次轮流从各车（船）的各个小块中部采取 1 个子样，第一个子样从第一车（船）的小块中随机采取，其余子样顺序从后继车（船）中轮流采取。

（2）随机采样法。将采样车（船）表面划分成若干小块并编号。制作数量与小块数相等的牌子并编号，一个牌子对应于一个小块。将牌子放入一个袋子中。决定第 1 个采样车（船）的子样位置时，从袋中取出数量与需从该车（船）采取的子样数相等的牌子，并从与牌号相应的小块中采取子样，然后将抽出的牌子放入另一个袋子中；决定第 2 个采样车（船）的子样位置时，从原袋剩余的牌子中，抽取数量与需从该车（船）采取的子样数相等的牌子，并从与牌号相应的小块中采取子样。以同样的方法，决定其他各车（船）的子样位置。当原袋中牌子取完时，反过来从另一袋子中抽取牌子，再放回原袋。如此交替，直到采样完毕。以上抽号操作也可在实际采样前完成，记下需采样的车（船）号及其子样位置。实际采样时按记录的车/船及其子样位置采取子样。

a　火车采样

火车采样当要求的子样数等于或少于一采样单元的车厢数时，每一车厢应采取一个子样；当要求的子样数多于一采样单元的车厢数时，每一车厢应采的子样数等于总子样数除以车厢数，如除后有余数，则余数子样应分布于整个采样单元。分布余数子样的车厢可用系统方法选择（如每隔若干车增采一个子样）或用随机方法选择。

子样位置应逐个车厢有所不同，以使车厢各部分的煤都有相同的机会被采出。常用的方法有系统采样法和随机采样方法。

（1）系统采样法。本法仅适用于每车采取的子样相等的情况。将车厢分成若干个边长为 1～2m 的小块并编号（如图 3-6 所示），在每车子样数超过 2 个时，还要将相继的数量与欲采子样数相等号编成一组并编号。如每车采 3 个子样时，则将 1，2，3 号编为第一组，4，5，6 号编为第二组，依此类推。先用随机方法决定第一个车厢采样点位置或组位置，然后顺着与其相继的点或组的数字顺序，从后继的车厢中依次轮流采取子样。

（2）随机采样方法。将车厢分成若干个边长为 1～2m 的小块并编号（一般为 15 块或 18 块，图 3-6 为 18 块示例），然后以随机方法依次选择各车厢的采样点位置。

1	4	7	10	13	16
2	5	8	11	14	17
3	6	9	12	15	18

图 3-6　火车采样子样分布示意图

b　汽车和其他小型运载工具采样

载重 20t 以上的汽车，按火车采样方法选择车厢；载重 20t 以下的汽车，选择车厢的要求为：当要求的子样数等于一采样单元的车厢数时，每一车厢采取一个子样；当要求的子样数多于一采样单元车厢数时，每一车厢的子样数等于总子样数除以车厢数，如除后有余数，则余数子样应分布于整个采样单元。分布余数子样的车厢可用系统方法或随机方法选择；当要求的子样数少于车厢数时，应将整个采样单元均匀分成若干段，然后用系统采样或随机采样方法，从每一段采取 1 个或数个子样。子样位置选择与火车采样原则相同。

c　驳船、轮船采样

驳船采样的子样分布原则与火车采样相同。轮船采样应在装船或卸船时，在其装（卸）的煤流中或小型运输工具如汽车上进行。由于技术和安全的原因，不推荐直接从轮船的船舱采样。

d　煤堆采样

煤堆的采样应当在堆堆或卸堆过程中，或在迁移煤堆过程中，以下列方式采取子样：于皮带输送煤流上、小型运输工具如汽车上、堆/卸过程中的各层新工作表面上、斗式装载机卸下的煤上以及刚卸下并未与主堆合并的小煤堆上采取子样。不要直接在静止的、高度超过 2m 的大煤堆上采样。当必须从静止大煤堆表面采样时，也可以使用下面（1）所述程序，但其结果极可能存在较大的偏倚，且精密度较差。从静止大煤堆上，不能采取仲裁煤样。

（1）在堆/卸煤新工作面、刚卸下的小煤堆采样时，根据煤堆的形状和大小，将工作面或煤堆表面划分成若干区，再将区分成若干面积相等的小块（煤堆底部的小块应距地面 0.5m），然后用系统采样法或随机采样法决定采样区和每区采样点（小块）的位置，从每一小块采取 1 个全深度或深部或顶部煤样，在非新工作面情况下，采样时应先除去 0.2m

的表面层。

（2）在斗式装载机卸下煤中采样时，将煤样卸在一干净表面上，然后按（1）法采取子样。

3.3.3.5 间断采样方法

当经常对同一煤源、品质稳定的大批量煤（如港口入港煤）进行采样时，可用间断采样方法。采用间断采样方法时应事先征得有关方同意。

3.3.3.6 粒度大于150mm或其他粒度大块物料的处理方法

在原煤采样中，如果粒度大于150mm的大块物料（煤或矸石等）质量分数超过5%，采取子样时如采样点位上遇到粒度大于150mm的大块物料（煤或矸石等），不应故意推开，应采入子样中。采样后，将粒度大于150mm大块物料和其他物料分别进行制样和化验，按粒度大于150mm大块物料在批煤中的比例计算加权平均值，以获得总样的参数（如灰分或发热量）结果。

A 粒度大于150mm大块物料的质量分数的确定

（1）通过以往对同一煤源的煤所作的筛分试验数据确定；

（2）按本标准（GB 474—2008）规定方法对本批煤采取粒度分析样品后，通过粒度分析测定；

其他粒度大块物料的处理方法同上。

B 粒度大于150mm大块物料的处理方法

煤样用150mm的筛子筛分，将筛上物和筛下物各作为1个分样。按如下方法之一处理上述两分样：

（1）按GB 474对两个分样分别进行制样和化验，然后按式（3-10）计算有关品质参数的加权平均值：

$$\overline{X} = \frac{X_1 P + X_2 (100 - P)}{100} \tag{3-10}$$

式中 $\overline{X}$ ——批煤品质参数（如灰分）值；

X_1 ——粒度大于150mm大块物料品质参数测定值；

X_2 ——粒度小于150mm煤品质参数测定值；

P ——粒度大于150mm大块物料的质量分数，%。

（2）将两个分样破碎到一定粒度后，按大块物料所占质量分数将两个分样合并成一个试样，进一步制备和化验，所得结果即为批煤品质参数结果。

3.3.3.7 各种煤样的采取

煤炭分析用煤样有一般分析试验煤样、全水分煤样、共用煤样、物理试样（专门为特种物理特性，如物理强度指数或粒度分析而采取的试样）。

用于全水分测定的样品可以单独采取，也可以从共用试样中抽取。在从共用试样中分取水分试样的情况下，采取的初级子样数目应当是灰分或水分所需要的数目中较大的那个数目，如果在取出水分试样后，剩余试样不够其余测试所需要的质量，则应增加子样数目至总样质量满足要求。

在必要的情况下（如煤非常湿），可单独采取水分试样。在单独采取水分试样时，应考虑以下几点：

（1）煤在贮存中由于泄水而逐渐失去水分；

（2）如果批煤中存在游离水，它将沉到底部，因此随着煤深度的增加，水分含量也逐渐增加；

（3）如在长时间内从若干批中采取水分试样，则有必要限制试样放置时间。因此，最好的方法是在限制时间内从不同水分的各个采样单元中采取子样。

3.4　煤样的制备

3.4.1　试样构成

一个试样一般由许多单个子样合并而成：由整个采样单元的全部子样合成，或由一采样单元的一部分子样（分样）合成（见图 3-7）。在某些情况下，如粒度分析和偏倚试验时，一个子样即构成一个试样。

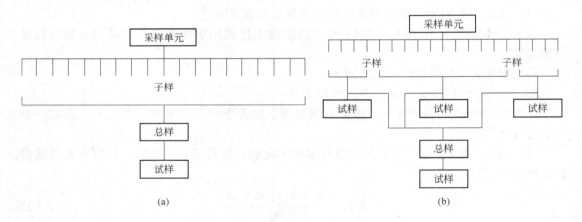

图 3-7　试样的构成

（a）全部子样合成试样图；（b）分样合成试样图

合并试样时，各独立试样的质量应当正比于各被采煤的质量，使合并后试样的品质参数值为各合并前试样品质参数的加权平均值。

3.4.2　煤样制备的目的与要求

试样制备的目的，是通过破碎、混合、缩分和干燥等步骤，将采集的煤样制备成能代表原来煤样特性的分析（试验）用煤样。

制样应在专门的制样室中进行，制样应避免样品的污染，每次制样后应将制样设备清扫干净，制样人员在制备煤样的过程中，应穿专用鞋。对不易清扫的密封式破碎机（如锤式破碎机）和联合破碎缩分机，只用于处理单一品种的大量煤样时，处理每个煤样之前，可用该煤样的煤通过机器予以"冲洗"，弃去"冲洗"煤后再处理煤样。处理完之后，应反复开、停机器几次，以排净滞留煤样。

遇到下列情况应对制样程序和设备进行精密度核验和偏倚试验:

(1) 首次采用或改变程序时;

(2) 新的缩分机和制样系统投入使用时;

(3) 对制样精密度产生怀疑时;

(4) 其他认为必须检验制样精密度时。

制样和化验精密度核验和偏倚试验应严格按 GB/T 477 附录 C 执行。

3.4.3 煤样制备的步骤与工具

3.4.3.1 试样破碎

试样破碎是用破碎或研磨的方法减小试样粒度的制样过程。破碎的目的是增加试样颗粒数,减小缩分误差。同样质量的试样粒度越小,颗粒数越多,缩分误差越小。但破碎耗时间、耗体力、耗能量,而且会产生试样特别是水分的损失。因此,制样时不应将大量大粒度试样一次破碎到试验试样所要求的粒度,而应采用多阶段破碎缩分的方法来逐渐减小粒度和试样量,但缩分阶段也不宜多。

破碎应该用机械设备,但允许用人工方法将大块试样破碎到第 1 破碎阶段的最大供料粒度。破碎机的出料粒度取决于机械的类型及破碎口尺寸(鄂式、对辊式)或速度(锤式、球式)。破碎机要求破碎粒度准确,破碎时试样损失和残留少;用于制备全水分、发热量和黏结性等煤样的破碎机,更要求产生热和空气流动程度尽可能小。鉴此,不宜使用圆盘磨和转速高于 950r/min 的锤碎机和高速球磨机(大于 20HZ)。制备有粒度范围要求的特殊试验样时应采用逐级破碎法。破碎设备应经常用筛分法来检查其出料标称最大粒度。

3.4.3.2 试样筛分

试样筛分是用选定孔径的筛子从煤样中筛选出不同粒度级煤的过程。目的是将不符合要求的大粒度煤样分离出来,进一步破碎到规定程度,保证各不均匀物质达到一定的分散程度以降低缩分误差。

筛分时使用的工具是筛子,制样室应备有各种尺寸筛孔的成套筛子。对大筛分应选用孔径为 25mm 及其以上的用圆孔筛和孔径为 25mm 以下的采用金属丝编织的方孔筛网;人工筛分时,筛框可用木板钉做,参考尺寸如下:筛面尺寸 640mm×450mm;筛框高度(130±10)mm;手把长(170±10)mm。小筛分选用的试验筛应符合 GB/T 6003.1—1997 和 GB/T 6005—1997 的规定,筛孔孔径分别为 0.500mm、0.250mm、0.125mm、0.075mm、0.045mm。如果不能满足要求,筛孔孔径可增加 0.355mm、0.180mm 和 0.090mm。

3.4.3.3 试样混合

试样混合是将试样混合均匀的过程。混合的目的是使煤样尽可能均匀。从理论上讲,缩分前进行充分混合会减小制样误差,但实际并非完全如此。如在使用机械缩分器时,缩分前的混合对保证缩分精密度没有多大必要,而且混合还会导致水分损失。一种可行的混合方法，是试样多次（3 次以上）通过二分器或多容器缩分器（如图 3-11）每次通过后把试样收集起来，再供入缩分器。在试样制备最后阶段，用机械方法对试样进行混合能提高分样精密度。

3.4.3.4　试样缩分

试样缩分是将试样分成有代表性的、分离的几部分的制样过程。缩分是制样的最关键的程序，目的在于减少试样量。试样缩分可以用机械方法，也可用人工方法进行。为减小人为误差，应尽量使用机械方法缩分。当试样明显潮湿，不能顺利通过缩分器或粘在缩分器表面时，应在缩分前按特定方法进行空气干燥；当机械缩分使试样完整性破坏，如水分损失、粒度离析等时，或煤的粒度过大使得无法使用机械缩分时，应该用人工方法缩分。人工方法本身可能会造成偏倚，特别是当缩分煤量较大时。缩分可在任意阶段进行，缩分后试样的最小质量应满足 GB 474 的规定，当一次缩分后的质量大于要求量时，可将缩分后试样用原缩分器或下一个缩分器作进一步缩分。

机械缩分器是破碎到一定数量级的试样中取出一部分或若干部分的机械设备。常见的几种机械缩分器有旋转盘型、旋转锥型、旋转容器型、旋转斜管型、二分器等。

（1）旋转盘型缩分器。（图 3-8）煤样从混合容器供到缩分盘中央顶部，然后通过特殊的清扫臂分散到整个盘上。留样经过若干可调口进入溜槽；弃样经管道排出，缩分器整个内部由刮板清扫。

（2）旋转锥型缩分器。（图 3-9）煤流落在旋转锥上，然后通过带盖的可调开口进入接收器，锥每旋转一周，收集一部分试样。

（3）旋转容器型缩分器。（图 3-10）煤流经漏斗流下，然后被若干个扇形容器截割成若干相等的部分。

（4）旋转斜管型缩分器。（图 3-11）旋转漏斗下部带一斜管，煤流进入漏斗并从斜管

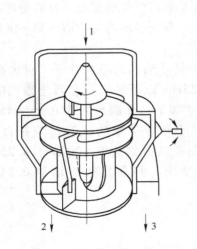

图 3-8　旋转盘型缩分器
1—供料；2—充样；3—缩分后试样

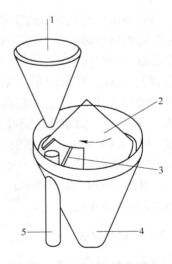

图 3-9　旋转锥型缩分器
1—供料；2—旋转锥；3—可调开门；
4—弃样；5—缩分后试样

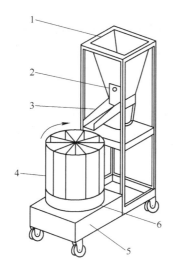

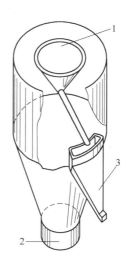

图 3-10 旋转容器型缩分器

1—供料；2—放料门；3—下料溜槽；

4—旋转接料器；5—电机；6—转盘

图 3-11 旋转斜管型缩分器

1—供料；2—弃样；3—缩分后试样

排出，在旋转斜管出口的运转轨道有一个或多个固定的切割器。斜管出口每经过切割器一次，即截取一个"切割样"。

人工缩分法包括二分器法、棋盘法、条带截取法、堆锥四分法、九点取样法。

A 二分器缩分法

二分器是一种简单而有效的缩分器（图 3-12）。它由两组相对交叉排列的格槽及接收器组成。两侧格槽数相等，每侧至少 8 个。格槽开口尺寸至少为试样标称最大粒度的 3 倍，但不能小于 5mm。格槽对水平面的倾斜度至少为 60°。为防止粉煤和水分损失，接收器与二分器主体应配合严密，最好是封闭式。

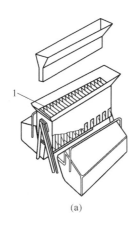

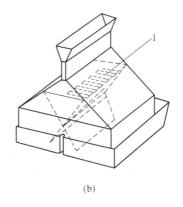

(a)   (b)

图 3-12 二分器

（a）敞开型；（b）封闭型

1—格槽

使用二分器缩分煤样，缩分前可不混合。缩分时，应使试样呈柱状沿二分器长度来回摆动供入格槽口，供料要均匀并控制供料速度，勿使试样集中于某一端，勿发生格槽阻塞。当缩分需分几步或几次通过二分器时，各步或各次通过后，应交替地从两侧接收器中收取留样。

B　棋盘法

将试样充分混合后，铺成一厚度不大于试样标称最大粒度 3 倍且均匀的长方块。如试样量大，铺成的长方块大于 2m×2.5m，则应铺 2 个或 2 个以上质量相等的长方块，并将各长方块分成 20 个以上的小块（图 3-13），再从各小块中部分别取样。取样应使用平底取样小铲和插板，小铲的开口尺寸至少为试样标称最大粒度的 3 倍，边高度应大于试样堆厚度。取样时，先将插板垂直插入试样层底部，再插入铲至样层底部。将铲向插板方向水平移动至二者合拢，提起取样铲和插板，取出试样（子样）。

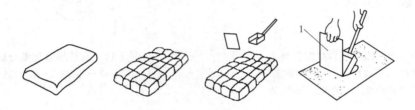

图 3-13　棋盘缩分法
1—插板

C　条带截取法

将试样充分混合后，顺着一个方向随即铺成一个长带，带长至少为宽度的 10 倍，铺带时在带的两端堵上挡板，使粒度离析只在带的两侧产生，然后用一宽度至少为试样标称最大粒度 3 倍、边高大于试样厚度的取样框，每隔一定距离截取一段试样为子样，将所有子样合并为缩分后试样。每一试样至少截取 20 个子样（图 3-14）。

D　堆锥四分法

堆锥四分法是一种比较方便的方法，但有粒度离析，操作不当会产生偏倚。为保证缩分精密度，堆锥时，应将试样一小份、一小份地

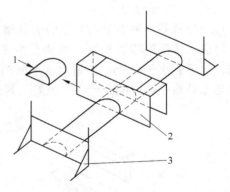

图 3-14　条带截取法
1—子样；2—取样框；3—边板

从样堆顶部撒下，使之从顶到底、从中心到外缘形成有规律的粒度分布，并至少倒堆 3 次。摊饼时，应从上到下逐渐拍平或摊平成厚度适当的扁平体。分样时，将十字分样板放在扁平体的正中间，向下压至底部，煤样被分成四个相等的扇形体。将相对的两个扇形体弃去，另两个扇形体留下继续下一步制样。为减少水分损失，操作要快（图 3-15）。

E　九点取样法

本方法仅用于抽取全水分试样。用堆锥法将试样掺和一次后摊开成厚度不大于标称最

大粒度 3 倍的圆饼状，然后用与棋盘缩分法类似的取样铲和操作从图 3-16 所示的 9 点中取 9 个子样，合成一全水分试样。

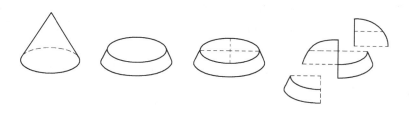

图 3-15 堆锥四分法

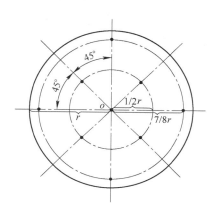

图 3-16 九点取样法

3.4.3.5 空气干燥

空气干燥是将煤样铺成均匀的薄层，在环境温度下使之与大气湿度达到平衡。空气干燥的目的，一是为了使煤样顺利通过破碎和缩分设备，二是为了避免分析试验过程中煤样水分发生变化。如果煤样能顺利通过破碎和缩分设备，可不进行干燥，因此干燥不是制样过程中必不可少的步骤。

煤样干燥时煤层厚度不能超过煤样标称最大粒度的 1.5 倍或表面负荷为 $1g/cm^3$（哪个厚用哪个）。煤样干燥可用温度不超过 50℃、带空气循环装置的干燥室或干燥箱进行，但干燥后、称样前应将干燥煤样置于环境温度下冷却并使之与大气湿度达到平衡。冷却时间视干燥温度而定。如在 40℃ 下进行干燥，一般冷却 3h 足够。但不应在高于 40℃ 下进行干燥的煤样有：易氧化煤；受煤的氧化影响较大的测定指标（黏结性和膨胀性）用煤样；测定全水分用的煤样（空气干燥作为全水分测定的必要步骤）。

3.4.4 煤样的制备举例

3.4.4.1 全水分煤样制备

测定全水分的煤样既可由水分专用煤样制备，也可在共用煤样制备过程中分取。全水分测定煤样应满足 GB/T 211—2007 要求，水分专用煤样的一般制备程序如图 3-17 所示。该程序仅为示例，实际制样中可根据具体情况予以调整。当试样水分较低而且使用没有实质性偏倚的破碎缩分机械时，可一次破碎到 6mm，然后用二分器缩分到 1.25kg；当试样量和粒度过大时，也可在破碎到 13mm 前，增加一个制样阶段。但各阶段的粒度和缩分后试样质量应符合 GB/T 477 要求。

　　制备完毕的全水分煤样应储存在不吸水、不透气的密封容器中（装样量不得超过容器容积的 3/4）并准确称量。煤样制备后应尽快进行全水分测定。

3.4.4.2　一般分析试验煤样制备

　　一般分析试验煤样应满足一般物理化学特性参数测定有关的国家标准要求，一般制备程序如图 3-18 所示。一般分析试验煤样制备通常分 2~3 个阶段进行，每个阶段由干燥（需要时）、破碎、混合（需要时）和缩分构成。必要时可根据具体情况增加、减少缩分

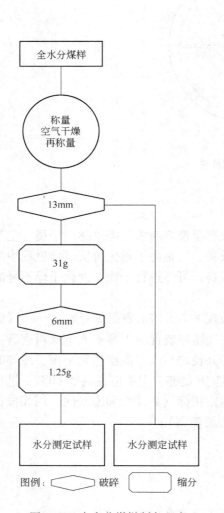

图 3-17　全水分煤样制备程序

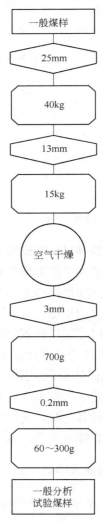

图 3-18　一般分析试验煤样制备程序

阶段。每个阶段的煤样粒度和缩分后煤样质量应符合 GB/T 477 要求。为了减少制样误差，在条件允许时应尽量减少缩分阶段。

制备好的一般分析试验煤样应装入煤样瓶中，装入煤样的量应不超过煤样瓶容积的 3/4，以便使用时混合。

习　　题

A　选择题

1. 煤量为 1000t 时火车商品煤采样的最少子样数目（　　　）。

  A. 60　　　　　　　　B. 30　　　　　　　　C. 18

2. 下列哪种方法仅适用于全水分测定（　　　）。

  A. 堆锥四分法　　B. 二分器　　　C. 棋盘式缩分法　　　D. 九点缩分法

3. 煤样的制备过程中（　　　）不是必需的程序。

  A. 破碎　　　　　B. 筛分　　　　C. 缩分　　　　　　　D. 干燥

4. 煤层煤样采集前，在平整过的煤层表面上由顶至底划（　　　）条垂直顶底板的直线。

  A. 3　　　　　　　B. 4　　　　　　C. 5　　　　　　　　 D. 6

5. 人工采样工具的开口尺寸至少是煤粒度的（　　　）倍。

  A. 3　　　　　　　B. 4　　　　　　C. 5　　　　　　　　 D. 6

B　简答题

1. 什么是采样精密度？

2. 什么叫做子样、分样？

3. 什么是煤层煤样，采取煤层煤样的目的是什么？

4. 什么是商品煤样？

5. 当出现什么情况时，需要检验煤样制备的精密度？

6. 制样过程包括哪几个步骤，为什么？

7. 试样筛分的目的是什么？

8. 什么是堆锥四分法？

9. 什么情况下应对制样程序和设备进行精密度核验和偏倚试验？

4 煤的工业分析和元素分析

学习目标

【1】掌握煤的工业分析和元素分析的内容及原理；

【2】能熟练应用煤质分析结果的基准换算。

煤的工业分析也称煤的实用分析或技术分析，其内容包括煤的水分、灰分、挥发分和固定碳的测定。广义上说，工业分析还应包括发热量和硫的测定。元素分析主要用于了解煤的有机质组成，包括碳、氢、氧、氮、硫等元素的测定。利用工业分析和元素分析的结果，可以基本掌握各种煤的成因、质量、工艺性质及特点，通过进一步研究，可对煤质做出综合评价，确定各种煤的加工利用途径。

4.1 煤的工业分析

4.1.1 煤中水分

煤是多孔性固体，含有一定量的水分。煤的水分直接影响到煤的使用、运输和储存，也是煤炭计价中的一个辅助指标。

4.1.1.1 水分的分类

煤中水分按存在形态的不同分为两类，即游离水和化合水。

游离水是以物理状态吸附在煤颗粒内部毛细管中和附着在煤颗粒表面的水分。煤的游离水分又分为外在水分和内在水分。

A 外在水分（M_f）

煤的外在水分是指在一定条件下煤样与周围空气湿度达到平衡时所失去的水分，即附着在煤的颗粒表面以及直径大于 10^{-5} cm 的毛细孔中的水分。外在水分以机械的方式与煤相结合，其蒸气压与纯水的蒸气压相等，较易蒸发出去。外在水与煤质、煤矿开采设计、采煤、掘进、通风和运输等各个环节有关。

当煤在室温下的空气中放置时，外在水分不断蒸发，直至与空气的相对湿度达到平衡时为止。此时失去的水分就是外在水分。含有外在水分的煤称为收到煤，仅失去外在水分的煤则称为空气干燥煤。

B 内在水分（M_{inh}）

煤的内在水分是指在一定条件下煤样与周围空气湿度达到平衡时所保持的水分。内在水分以物理化学方式与煤相结合，即以吸附或凝聚方式存在于煤粒内部直径小于 10^{-5} cm

的小毛细孔中，其蒸气压小于纯水的蒸气压，较难蒸发出去，加热至 105~110℃ 时才能蒸发。

因此，将空气干燥煤样加热至 105~110℃ 时所失去的水分即为内在水分。失去内在水分的煤称为干燥煤。

煤的内在水分与煤质有关，随煤的内表面积不同而变化。内表面积愈大，小毛细孔愈多，内在水分亦愈高。煤样在温度 30℃、相对湿度 96% 下达到平衡时测得的内在水分称为最高内在水分，简记符号 MHC。它能较好地区分低煤化程度的煤。

煤的外在水分与内在水分的总和称为煤的全水分（即游离水），简记符号 M_t。在煤的工业分析中，测试的水分即为煤的全水分，除与煤中不同结构状态下的外在水分和内在水分有关外，还与测试时空气的湿度和温度有关。

煤中的化合水是指与矿物质结合的、除去全水分后仍保留下来的水分。即通常所说的结晶水和结合水。化合水含量不大，而且必须在更高的温度下才能失去。例如，石膏（$CaSO_4 \cdot 2H_2O$）在 163℃ 时分解失去结晶水，高岭石（$Al_2O_3 \cdot 2SiO_2 \cdot 2H_2O$）在 450~600℃ 方才失去结合水。因此，在煤的工业分析中，只测试游离水，不测化合水。

此外，煤有机质中的氢与氧在干馏或燃烧时生成的水称为热解水，也不在工业分析的范围内。

4.1.1.2　水分与煤质的关系

煤中各种水分的多少在一定程度上反映了煤质状况。煤中的外在水分和内在水分，都与煤质有关。低煤化度煤结构疏松，结构中极性官能团多，内部毛细管发达，内表面积大。因此外在水分高，内在水分大。例如褐煤的外在水分和内在水分均可高达 20% 以上。随着煤化程度的提高，两种水分都在减少。在烟煤中的肥煤与焦煤变质阶段，外在水分较少，内在水分达到最小值（小于 1%）。到高变质的无烟煤阶段，由于缩聚的收缩应力使煤粒内部的裂隙增加，外在水分与内在水分又有所增加，内在水分可达到 4% 左右。

煤的最高内在水分与煤化程度的关系基本与内在水分相同，其有明显的规律性，如图 4-1 所示。当挥发分（V_{daf}）为 25% ±5% 时，MHC < 1%，达到最小值；对于高挥发（$V_{daf} > 30\%$）低煤化度煤，MHC 随着 V_{daf} 的增加迅速增大，最高可达 20%~30%；对于低挥发分（$V_{daf} < 20\%$）高煤化程度煤，MHC 随着 V_{daf} 的减小又略有增大。因此，可采用 MHC 作为低煤化程度煤的一个分类指标。

4.1.1.3　水分对煤利用的影响

一般说来水分是煤中有害无利的物质。主要表现在以下几方面：运输时，煤的水分增加了运输负荷，在寒冷地带水分易冻结，使煤的装卸发生困难，解冻则需增加额外的能耗；贮存时，煤中的水分随空气湿度而变化，使煤易破裂，加速了氧化；煤进行机械加

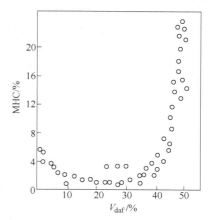

图 4-1　MHC 和 V_{daf} 的关系

工时，煤中水分过多将造成粉碎、筛分困难，降低生产效率，损坏设备；炼焦时，煤中水分的蒸发需消耗热量，增加焦炉能耗，延长了结焦时间，降低了焦炉生产能力；水分过大时，还会损坏焦炉，缩短焦炉使用寿命。此外，炼焦煤中的各种水分，包括热解水全部转入焦化的剩余氨水中，增大了焦化废水处理的负荷；气化与燃烧时，煤中的水分降低了煤的有效发热量。

4.1.2　煤中矿物质和煤的灰分

4.1.2.1　煤中矿物质

煤中矿物质是指煤中的无机物质，不包括游离水，但包括化合水，主要包括黏土或页岩、方解石、黄铁矿以及其他微量成分。煤中矿物质分为内在矿物质和外在矿物质。

（1）内在矿物质，又分为原生矿物质和次生矿物质。原生矿物质是成煤植物本身所含的矿物质，其含量一般不超过 1% ~ 2%；主要是碱金属和碱土金属的盐类，此外还有铁、硫、磷以及少量的钛、钒、氮等元素。原生矿物质参与成煤，与有机物质紧密地结合在一起，在煤中呈细分散分布，很难用机械方法洗选出来。次生矿物质是指煤形成过程中混入或与煤伴生的矿物质。如煤中的高岭土、方解石、黄铁矿、石英、长石、云母、石膏等，它们以多种形态嵌于煤中，可形成矿物夹层、包裹体、浸染状、充填矿物等。次生矿物质选除的难易程度与其分布形态有关。如果在煤中颗粒较小且分散均匀，就很难与煤分离；若颗粒较大而且分布集中，可将其破碎后利用密度差分离。次生矿物质的含量一般也不高，但变化较大。

（2）外来矿物质指在煤炭开采和加工处理中混入的矿物质，如煤层的顶板、底板岩石和夹矸层中的矸石，主要成分为 SiO_2、Al_2O_3、$CaCO_3$、$CaSO_4$ 和 FeS_2 等。外来矿物质的块度越大，密度越大，越易用重力选煤的方法除去。

4.1.2.2　煤的灰分

确切地说，煤的灰分是指煤的灰分产率，也表示灰分的质量分数。它不是煤中的固有成分，而是煤在规定条件下完全燃烧后的残渣（残留物），灰分简记符号为 A。残渣是煤中矿物质（除水分外所有的无机质）在煤完全燃烧过程中经过一系列分解、化合反应后的产物。例如黏土、石膏、碳酸盐、黄铁矿等矿物质在煤的燃烧中发生分解和化合，有一部分变成气体逸出，留下的残渣就是灰分。

$$2SiO_2 \cdot Al_2O_3 \cdot 2H_2O \longrightarrow 2SiO_2 + Al_2O_3 + 2H_2O \uparrow$$

$$CaSO_4 \cdot 2H_2O \longrightarrow CaSO_4 + 2H_2O \uparrow$$

$$CaCO_3 \longrightarrow CaO + CO_2 \uparrow$$

$$4FeS_2 + 11SO_2 \longrightarrow 2Fe_2O_3 + 8SO_2 \uparrow$$

从上述方程式可以看出，灰分的组成、质量与煤中矿物质关系密切，直接影响到煤炭的利用。因此工业上常用灰分产率估算煤中矿物质的含量。

内在矿物质所形成的灰分叫内在灰分，内在灰分只能用化学的方法才能将其从煤中分离出去。外在矿物质形成的灰分叫外在灰分，外在灰分可用洗选的方法将其从煤中分离出去。

4.1.3 煤的挥发分和固定碳

4.1.3.1 挥发分

A 挥发分的概念

煤样在规定条件下隔绝空气加热，并进行水分校正后的质量损失称为挥发分，简记符号为 V。去掉挥发分后的残渣称为焦渣。挥发分不是煤中固有的挥发性物质，而是煤在特定条件下的热分解产物，确切地说，煤中挥发分应称为挥发分产率，主要包括水分、碳的氧化物和碳氢化合物（以 CH_4 为主）组成，但不包括物理吸附水和矿物质中的二氧化碳。

挥发分测定结果常受煤中矿物质的影响。当煤中含碳酸盐类矿物质时，在高温下分解出来的 CO_2、H_2O 等也包括在挥发分内。当煤中碳酸盐分解出来的 CO_2 产率大于 2% 时，需要对煤的挥发分进行校正。也可在测定挥发分之前，用盐酸处理分析煤样，使煤中碳酸盐先分解。挥发分测定结果还随加热温度、加热时间、加热速度及实验设备的形式、试样容器的材质、大小不同而有所差异。因此说挥发分的测定是一个规范性很强的实验项目，只有采用合乎一定规范的条件进行分析测定，所得挥发分的数据才有可比性。

B 挥发分与煤质的关系

煤的挥发分随煤化程度的加深而逐渐降低。因此根据煤的挥发分产率可大致判断煤的变质程度，估计煤的种类。腐泥煤的挥发分产率要比腐殖煤高。煤化程度低的泥炭的挥发分可高达 70%；褐煤一般为 40%～60%；煤化程度稍高的烟煤一般为 10%～50%；煤化程度高的无烟煤则小于 10%。煤的挥发分还和煤岩组成有关，角质类的挥发分最高，镜煤、亮煤次之，丝炭最低。

C 焦渣特征分类

测定挥发分所得焦渣按其形状、特征的不同可分为八种类型，用来初步表征不同煤种的黏结性、熔融性及膨胀性。

（1）粉状（1 型）：全部是粉末，没有相互黏着的颗粒；

（2）黏着（2 型）：用手指轻碰即成粉末或基本上是粉末，其中较大的团块轻轻一碰即成粉末；

（3）弱黏结（3 型）：用手指轻压即成小块；

（4）不熔融黏结（4 型）：以手指用力压才裂成小块，焦渣上表面无光泽，下表面稍有银白色光泽；

（5）不膨胀熔融黏结（5 型）：焦渣形成扁平的块，煤粒的界线不易分清，焦渣上表面有明显银白色金属光泽，下表面银白色光泽更明显；

（6）微膨胀熔融黏结（6 型）：用手指压不碎，焦渣的上、下表面均有银白色金属光泽，但焦渣表面具有较小的膨胀泡（或小气泡）；

（7）膨胀熔融黏结（7型）：焦渣上、下表面有银白色金属光泽，明显膨胀，但高度不超过 15mm；

（8）强膨胀熔融黏结（8型）：焦渣上、下表面有银白色金属光泽，焦渣高度大于 15mm。

根据上述焦渣特征可知，泥炭，褐煤，烟煤中长焰煤、贫煤及无烟煤没有黏结性；烟煤中气煤、肥煤、焦煤、瘦煤都有黏结性，可作为炼焦煤，而其中肥煤和焦煤黏结性最好，其坩埚焦熔融，黏结良好且具有膨胀性。

根据煤的挥发分产率和焦渣特征，可初步评价煤的加工利用途径，如煤化程度低、高挥发分的煤，干馏时化学副产品产率高，适于做低温干馏原料，也可作为气化原料；挥发分适中、固定碳含量高的煤，黏结性较好，适于炼焦和做燃料。在环境保护中，挥发分还作为制定烟雾法令的一个依据。

4.1.3.2　固定碳

A　固定碳概念

煤的固定碳是指从测定挥发分后的煤样残渣中减去灰分后的残留物，通常由 100 减去水分、灰分和挥发分得出，简记符号为 FC。即

$$w_{ad}(FC) = 100 - (M_{ad} + A_{ad} + V_{ad})$$

固定碳和挥发分一样不是煤中固有的成分，而是热分解产物。在组成上，固定碳除含有碳元素外，还包含氢、氧、氮和硫等元素。一般而言，煤中固定碳含量小于碳元素，只有在高煤化程度的煤中两者才比较接近。

B　固定碳与煤质的关系

固定碳含量是表征煤变质程度的一个指标。煤中干燥无灰基固定碳含量随煤化程度增高而逐渐增加。褐煤不大于 60%，烟煤 50%～90%，无烟煤大于 90%。一些国家以固定碳作为煤分类的一个指标。

C　燃料比

燃料比是指煤的固定碳含量与挥发分之比，简记符号为 $w_{ad}(FC)/V_{daf}$。燃料比是表征煤化程度的一个指标，燃料比随煤化程度增高而增高。各种煤的燃料比分别为：褐煤 0.6～1.5；长焰煤 1.0～1.7；气煤 1.0～2.3；焦煤 2.0～4.6；瘦煤 4.0～6.2；无烟煤 9～29。无烟煤燃料比变化很大，可作为划分无烟煤小类的指标。还可以用燃料比评价煤的燃烧特性。

此外，固定碳是煤的发热量的重要来源，有的国家以固定碳作为煤发热量计算的主要参数。固定碳也是合成氨用煤的一个重要指标。

4.1.4　各种煤的工业分析结果比较

图 4-2 表示的是煤化程度由低到高的 12 种煤的工业分析结果。

由图 4-2 可知，随着煤化程度的增加，煤中水分开始下降很快，以后变化则不大；固定碳含量逐渐增加；挥发分产率则先增加后降低。若以干燥无灰基计算，挥发分产率随煤

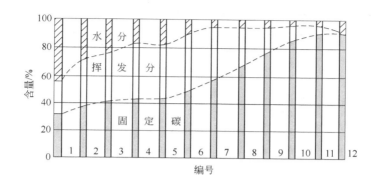

图 4-2 各种煤的工业分析结果（收到基）

1—褐煤；2—次烟煤 C；3—次烟煤 B；4—次烟煤 A；5—高挥发分烟煤 C；
6—高挥发分烟煤 B；7—高挥发分烟煤 A；8—中挥发分烟煤；
9—低挥发分烟煤；10—半无烟煤；11—无烟煤；12—超无烟煤

化程度增加呈线性关系下降。

4.2 煤的元素分析

从广义讲，煤的元素组成应包括煤的有机物质中元素组成和无机成分中的硅、铝、铁、钛、钙、镁、硫、锰、磷、钾和钠等常量元素以及氟、氯、砷、镉、汞、铅、铬、铍、铊等对人和生态有害元素，锗、镓、铀、钍、铜、镍、钒、锌、硒等微量存在的微量元素。本书主要阐述煤中有机质的元素组成。

煤中有机物质主要元素是碳、氢、氧、氮、硫，还有含量极微的磷、氯、砷等。它与成煤植物、泥炭聚积环境、煤显微组分、煤化程度和煤的风化程度等因素有关。煤的元素分析是指碳、氢、氧、氮、硫五个项目煤质分析的总称。根据煤的元素组成，可判断煤的煤化程度，估算煤的发热量和热化学加工产品的产率，为煤的加工利用设计提供了必要的参数，还可估测煤的燃烧、结焦和气化等特性。

4.2.1 煤的元素组成

4.2.1.1 碳

煤中的主要组成元素，主要集中在煤的芳香核上，是构成煤大分子的骨架，部分碳组成煤的侧链基如甲基（—CH₃）、羧基（—COOH）等，尤其是褐煤等低煤阶煤的侧链基中碳的比例更多一些。碳是煤燃烧时产生热量的主要元素，单位质量（kg）无定形碳完全燃烧时的发热量为 32.346MJ。煤的煤化程度越深，即含碳量越多，则着火和燃烧越困难。碳含量随煤化程度的增高而增高，见表 4-1。因此，碳含量可作为表征煤化程度的分类指标。

碳含量还随煤显微组分的不同而异，镜质组的碳含量最低，壳质组次之，惰质组最高，见表 4-2。

表4-1   中国不同类别煤的元素组成 （干基无灰基）   %

煤炭类别	C	H	O	N
褐 煤	65 ~ 75	4.5 ~ 6.8	0.6 ~ 3.0	15 ~ 28
长焰煤	72 ~ 80	4.5 ~ 6.6	0.6 ~ 2.8	8 ~ 18
不黏煤	74 ~ 85	3.4 ~ 5.0	0.6 ~ 1.2	7 ~ 15
弱黏煤	80 ~ 88	4.5 ~ 5.5	0.6 ~ 1.5	6 ~ 10
气 煤	79 ~ 87	4.6 ~ 6.6	0.7 ~ 2.5	7 ~ 10
1/3 焦煤	81 ~ 89	4.7 ~ 6.5	0.8 ~ 2.2	5 ~ 10
气肥煤	78 ~ 88	5.5 ~ 7.0	0.7 ~ 2.0	3 ~ 7
肥 煤	83 ~ 89	4.7 ~ 6.8	0.7 ~ 1.9	3 ~ 6
焦 煤	86 ~ 91	4.5 ~ 5.5	0.5 ~ 2.0	2 ~ 5
瘦 煤	86 ~ 92	4.3 ~ 4.8	0.5 ~ 1.8	0.9 ~ 4
贫瘦煤	86 ~ 92	4.2 ~ 4.8	0.5 ~ 1.8	0.8 ~ 4
贫 煤	88 ~ 93	3.8 ~ 4.6	0.5 ~ 1.8	0.8 ~ 4.0
无烟煤	88 ~ 97	0.5 ~ 4.0	0.2 ~ 1.8	0.1 ~ 5.0

表4-2   煤显微组分的元素组成 （抚顺气煤）   %

煤显微组分	$w_{daf}(C)$	$w_{daf}(H)$	$w_{daf}(O)$	$w_{daf}(N)$
镜质组	83.0	5.65	8.8	1.8
壳质组（孢子）	86.2	7.90	4.4	1.5
惰质组	88.5	3.90	6.1	1.5

4.2.1.2　氢

煤中的重要组成元素，是可燃组分，大部分集中在煤的芳香核上，部分组成煤的侧链基，如甲基、羧基和羟基（—OH）等。氢是煤中单位发热量最高的元素，其单位质量的热值相当于无定形碳的 3.7 倍。

氢含量与煤的煤化程度密切相关，随煤化程度的加深，氢含量逐渐减少。不同煤显微组分中的氢含量变化较大，惰质组的氢含量 $w_{daf}(H)$ 最低，镜质组次之，壳质组最高，腐泥煤的氢含量比相同煤阶的腐殖煤高。

4.2.1.3　氧

氧是煤的重要组成元素之一，是非可燃成分，其含量随煤化程度的增高而迅速减少。它在煤中除部分以杂环氧形态结合在煤大分子的芳香结构中和以桥键形式联结芳香核外，多数存在于煤的侧链基中，尤其是在低煤阶煤中，侧链基的氧含量比例更多，如甲氧基（—OCH$_3$）、羰基、羧基、羟基等。当煤受到风化或氧化时，氧含量显著增加，其热值也急剧降低。有的风化无烟煤的氧含量可高达 10% 以上。氧含量的明显增加是判断煤是否氧化或风化的重要标志。煤中氧含量常由减差法求得，故其值的误差较大。

在不同煤显微组分中的氧含量也有显著差异，一般以壳质组的氧含量最低，在低煤阶煤中镜质组的氧含量高于惰质组的氧含量，高煤阶煤中，二者含量差异不明显。

4.2.1.4　氮

氮是煤中唯一完全以有机状态存在的元素。煤中氮含量较少，一般在 0.5% ~ 2.5% 之间，绝大多数在 1% ~ 2% 左右。氮在煤中多为芳香核中的杂环氮，在侧链基中以—NH₂ 形态存在的氮较少。氮含量也随煤化程度的增高而降低。腐泥煤中的氮含量高于相同变质阶段的腐殖煤。不同煤显微组分中的氮含量常以镜质组的最高，壳质组和惰质组的氮含量差异不大，但在多数情况下以惰质组的氮含量稍低一些。

煤在燃烧和气化时，氮转化为污染环境的 NO_x，在煤的炼焦过程中部分氮可生成 N_2、NH_3、HCN 及其他有机含氮化合物逸出，由此可回收制成硫酸铵、硝酸等化学产品；其余的氮则进入煤焦油或残留在焦炭中，以某些结构复杂的氮化合物形式出现。

4.2.1.5　硫

硫是煤中组成元素之一，也是煤质评价的重要指标之一。煤中硫根据其存在状态可分为有机硫和无机硫两大类，有的煤中还有少量的单质硫。

煤中有机硫是指与煤的有机质相结合的硫，简记符号为 S_o。硫分在 0.5% 以下的大多数煤，所含的硫主要是有机硫。有机硫均匀分布在有机质中，形成共生体，不易清除。煤中无机硫，是以无机物形态存在于煤中的硫。无机硫又分为硫化物硫和硫酸盐硫。硫化物硫绝大部分是黄铁矿硫，少部分为白铁矿硫，两者是同质多晶体，还有少量的 ZnS，PbS 等。以黄铁矿、白铁矿和硫化物形式存在的硫，称为硫化铁硫，简记符号为 S_p；以硫酸盐形式存在的硫称为硫酸盐硫，简记符号为 S_s，主要存在于 $CaSO_4$ 中。硫化铁硫和有机硫因其可燃称为可燃硫；硫酸盐硫因其不可燃称为不可燃硫或固定硫。煤中各种形态硫的总和，称为全硫，以符号 S_t 表示。煤的全硫通常包含煤的硫酸盐硫（S_s）、硫铁矿硫（S_p）和有机硫（S_o），即 $S_t = S_s + S_p + S_o$（如果煤中有单质硫，全硫中还应包含单质硫）。

煤中硫的来源是多方面的，因此煤的全硫含量与煤化程度之间没有一定的关系。但是，在同一种煤中，各种显微组分的硫含量存在一定规律性，一般丝质组硫含量最大，稳定组次之，镜质组最小。

硫是煤中的有害元素。煤作为燃料在燃烧时生成 SO_2、SO_3，不仅腐蚀设备，而且污染空气，甚至降酸雨，严重危及植物生长和人的健康；煤用于合成氨制半水煤气时，由于煤气中硫化氢等气体较多不易脱净，易毒化合成催化剂而影响生产；煤用于炼焦，煤中硫会进入焦炭，使钢铁变脆；钢铁中硫含量大于 0.07% 时就成了废品。为了减少钢铁中的硫，在高炉炼铁时加石灰石，这就降低了高炉的有效容积，而且还增加了排渣量。煤在储运中，煤中硫化铁等含量多时，会因氧化、升温而自燃。

4.2.2　煤的元素分析原理

4.2.2.1　煤中碳和氢分析原理

煤中测定二氧化碳和水的方法很多，如气相色谱法、红外吸收法、库仑法及酸碱滴定法等。国家标准 GB/T 476—2008 规定采用吸收法测定煤中碳和氢的含量。其原理是：一定量的煤样在氧气流中燃烧，生成的水和二氧化碳分别用吸水剂和二氧化碳吸收剂吸收，即用碱石棉或碱石灰吸收水，用无水氯化钙或无水高氯酸镁吸收二氧化碳，由吸收剂的增量计算煤中碳和氢的含量。煤样中硫和氯对碳测定的干扰在三节炉中用铬酸铅和银丝卷消除，氮对碳测定的干扰用粒状二氧化锰消除。各步化学反应如下：

（1）煤的燃烧反应。

$$煤 + O_2 \xrightarrow[\text{催化剂}]{800℃} CO_2\uparrow + H_2O\uparrow + SO_3\uparrow + SO_2\uparrow + Cl_2\uparrow + NO_2\uparrow + N_2\uparrow + \cdots$$

（2）二氧化碳和水的吸收反应。

二氧化碳用碱石棉或碱石灰吸收，水用无水氯化钙或无水高氯酸镁吸收：

$$2NaOH + CO_2 = Na_2CO_3 + H_2O$$

$$CaCl_2 + 2H_2O = CaCl_2 \cdot 2H_2O$$

$$CaCl_2 \cdot 2H_2O + 4H_2O = CaCl_2 \cdot 6H_2O$$

或

$$Mg(ClO_4)_2 + 6H_2O = Mg(ClO_4)_2 \cdot 6H_2O$$

（3）硫氧化物和氯的脱出反应。

三节炉中，用铬酸铅除硫氧化物，氯用银丝卷脱出：

$$4PbCrO_4 + 4SO_2 \xrightarrow{600℃} 4PbSO_4 + 2Cr_2O_3 + O_2\uparrow$$

$$4PbCrO_4 + 4SO_3 \xrightarrow{600℃} 4PbSO_4 + 2Cr_2O_3 + 3O_2\uparrow$$

$$2Ag + Cl_2 \xrightarrow{180℃} 2AgCl$$

二节炉中，用高锰酸银热分解产物脱出硫氧化物和氯：

$$AgMnO_4 \xrightarrow{\triangle} Ag \cdot MnO_2 + O_2\uparrow$$

$$2Ag \cdot MnO_2 + 2SO_2 + O_2 \xrightarrow{500℃} Ag_2SO_4 \cdot MnO_2 + MnSO_4$$

$$2Ag \cdot MnO_2 + 2SO_3 \xrightarrow{500℃} Ag_2SO_4 \cdot MnO_2 + MnSO_4$$

$$2Ag \cdot MnO_2 + Cl_2 \xrightarrow{500℃} 2AgCl \cdot MnO_2$$

（4）用粒状二氧化锰脱出氮氧化物反应。

$$MnO_2 + H_2O \longrightarrow MnO(OH)_2$$

$$MnO(OH)_2 + 2NO_2 \longrightarrow Mn(NO_3)_2 + H_2O$$

4.2.2.2　煤中氮的测定

煤中氮的测定方法有开氏法、杜马法和蒸汽燃烧法，其中以开氏定氮法应用广泛。

国家标准 GB/T 19227—2008 规定了煤中氮的测定方法有半微量开氏法和半微量蒸汽法。开氏法适用于褐煤、烟煤、无烟煤和水煤浆；蒸汽法适用于烟煤、无烟煤和焦炭。

　　A　开氏法测定原理

称取一定量的空气干燥煤样加入混合催化剂和硫酸，加热分解，氮转化为硫酸氢铵。加入过量的氢氧化钠溶液，把氨蒸出并吸收在硼酸溶液中。用硫酸标准溶液滴定，根据硫酸的用量，计算样品中氮的含量。测定时各主要反应如下：

（1）消化反应：

$$煤 \xrightarrow[\triangle]{浓 H_2SO_4,催化剂} CO_2\uparrow + H_2O\uparrow + CO\uparrow + SO_2\uparrow + SO_3\uparrow +$$

$$Cl_2\uparrow + N_2\uparrow + NH_4HSO_4 + H_3PO_4$$

（2）蒸馏反应：

$$NH_4HSO_4 + 4NaOH(过量) + H_2SO_4 \xrightarrow{\triangle} NH_3\uparrow + 2Na_2SO_4 + 4H_2O$$

（3）吸收反应：

$$NH_3 + H_3BO_3 \!=\!=\!= NH_4H_2BO_3$$

（4）滴定反应

$$2NH_4H_2BO_3 + H_2SO_4 \!=\!=\!= (NH_4)_2SO_4 + 2H_3BO_3$$

B　蒸汽法测定原理

一定量的煤或焦炭试样，在有氧化铝作为催化剂和疏松剂的条件下，于1050℃通入水蒸气，试样中的氮及其化合物全部还原成氨。生成的氨经过氢氧化钠溶液蒸馏，用硼酸溶液吸收后，由硫酸标准溶液滴定，根据硫酸标准溶液的消耗量来计算氮的质量分数。

4.2.2.3　煤中全硫的测定

国家标准GB/T 214—2007规定了全硫的三种测定方法，分别为艾氏法、库仑滴定法和高温燃烧中和法，煤样仲裁分析时采用艾氏法。

A　艾氏法测定原理

艾士卡法试剂（简称艾氏剂），以2份质量的化学纯轻质氧化镁（GB/T 9857—1988）与1份质量的化学纯无水碳酸钠（GB/T 639—2008）混匀并研细至粒度小于0.2mm后，保存在密闭容器中。将煤样与艾氏剂混合灼烧，煤中硫生成硫酸盐，然后使硫酸根离子生成硫酸钡沉淀，根据硫酸量计算煤中全硫的含量，各主要反应如下：

（1）煤样的氧化作用：

$$煤 \xrightarrow{O_2} CO_2\uparrow + N_2\uparrow + H_2O\uparrow + SO_2\uparrow + SO_3\uparrow$$

（2）硫氧化物的固定作用：

$$2Na_2CO_3 + 2SO_2 + O_2(空气) \xrightarrow{\triangle} 2Na_2SO_4 + 2CO_2\uparrow$$

$$2Na_2CO_3 + 2SO_3 \xrightarrow{\triangle} Na_2SO_4 + CO_2\uparrow$$

$$2MgO + 2SO_2 + O_2(空气) \xrightarrow{\triangle} 2MgSO_4$$

（3）硫酸盐的转化作用：

$$2CaSO_4 + Na_2CO_3 \xrightarrow{\triangle} CaCO_3 + 2Na_2SO_4$$

（4）硫酸盐的沉淀作用：

$$2MgSO_4 + Na_2SO_4 + 2BaCl_2 \xrightarrow{\triangle} 2BaSO_4 \downarrow + 2NaCl + MgCl_2$$

B 库仑滴定法测定原理

煤样在催化剂作用下，于空气流中燃烧分解，煤中硫生成硫氧化物，其中二氧化硫被碘化钾溶液吸收，以电解碘化钾溶液所产生的碘进行滴定，根据电解所消耗的电量计算煤中全硫的含量。

C 高温燃烧中和法

煤样在催化剂作用下于氧气流中燃烧，煤中硫生成硫氧化物，被过氧化氢溶液吸收形成硫酸，用氢氧化钠溶液滴定，根据消耗的氢氧化钠标准溶液量，计算煤中全硫含量。主要化学反应如下：

（1）煤样的氧化作用：

$$煤 \xrightarrow[1200℃]{O_2 \cdot WO_3} CO_2 \uparrow + N_2 \uparrow + H_2O \uparrow + Cl_2 \uparrow + SO_3 \uparrow + \cdots$$

$$4FeS_2 + 11O_2 \longrightarrow 2Fe_2O_3 + 8SO_2 \uparrow$$

$$MSO_4 \longrightarrow MO + SO_3 \uparrow （M 代表金属）$$

（2）硫氧化物的吸收作用：

$$SO_2 + H_2O_2 \longrightarrow H_2SO_4$$

$$SO_3 + H_2O \longrightarrow H_2SO_4$$

（3）滴定硫酸的反应：

$$H_2SO_4 + 2NaOH \longrightarrow Na_2SO_4 + 2H_2O$$

D 煤炭硫分分级

煤炭硫分按表 4-3 进行分级。中国煤以特低硫煤和低硫分煤为主，两者合计可达 23%；其他硫分级别的煤所占比例均很小。

表 4-3 煤炭硫分分级表（GB/T 15224.2）

序　号	级别名称	代　号	硫分范围 $S_{t,d}$/%
1	特低硫煤	SLS	≤0.50
2	低硫分煤	LS	0.51 ~ 1.00
3	低中硫煤	LMS	1.01 ~ 1.50
4	中硫分煤	MS	1.51 ~ 2.00
5	中高硫煤	MHS	2.01 ~ 3.00
6	高硫分煤	HS	>3.00

4.2.2.4 煤中各种形态硫的测定

煤中的各种形态硫主要指硫酸盐硫、硫化铁硫和有机硫三种形态。国家标准 GB/T 215—2003 规定，煤中硫酸盐、硫化铁硫含量通过测定获得，而有机硫含量通过计算得出。

A 硫酸盐硫的测定原理

硫酸盐硫的测定原理基于硫酸盐可溶于稀盐酸，而硫化铁硫和有机硫均不与稀盐酸作用，用浓度为 5mol/L 的稀盐酸煮沸煤样，浸取煤中硫酸盐并使其生成硫酸钡沉淀，根据硫酸钡沉淀的质量，计算煤中硫酸盐硫的含量。反应式如下：

$$CaSO_4 \cdot 2H_2O + 2HCl \longrightarrow CaCl_2 + H_2SO_4 + H_2O$$

$$2FeSO_4 \cdot 7H_2O + 6HCl + \frac{1}{2}O_2 \longrightarrow 2FeCl_3 + 2H_2SO_4 + 15H_2O$$

$$H_2SO_4 + BaCl_2 \longrightarrow BaSO_4 \downarrow + 2HCl$$

B　硫化铁硫的测定

国家标准 GB/T 215—2003 硫化铁硫的测定分为方法 A（氧化法）和方法 B（原子吸收分光光度法）两种方法。

（1）方法 A（氧化法）测定原理。

用稀盐酸浸取煤中非硫化铁中的铁，浸取后的煤样用稀硝酸浸取把硫化铁中的硫氧化成硫酸盐；把硫化铁中的铁氧化为三价铁，再用氯化亚锡（$SnCl_2$）还原二价铁，然后用重铬酸钾溶液滴定，再以铁的质量计算煤中硫化铁中硫的含量。主要反应如下：

$$FeS_2 + 4H^+ + 5NO_3^- \longrightarrow Fe^{3+} + 2SO_4^{2-} + 5NO \uparrow + 2H_2O$$

$$2Fe^{3+} + Sn^{2+} + 6Cl^- \longrightarrow 2Fe^{2+} + SnCl_6^{2-}$$

$$6Fe^{2+} + Cr_2O_7^{2-} + 14H^+ \longrightarrow 6Fe^{3+} + 2Cr^{3+} + 7H_2O$$

（2）方法 B（原子吸收分光光度法）测定原理。

用稀盐酸浸取非硫化铁中的铁，浸取后的煤样用稀硝酸浸取。分解反应为：

$$FeS_2 + 4H^+ + 5NO_3^- \longrightarrow Fe^{3+} + 2SO_4^{2-} + 5NO \uparrow + 2H_2O$$

Fe^{3+} 转入溶液中，用原子吸收分光光度法测定硝酸浸取液中的铁含量，再以铁的质量计算煤中硫化铁中硫的含量。

C　有机硫的计算

煤中三种形态硫的总和即为全硫，所以有机硫等于全硫减去硫酸盐中的硫和硫化铁中的硫。

$$w_{ad}(S)_O = w_{ad}(S)_t - [w_{ad}(S)_S + w_{ad}(S)_P]$$

式中　$w_{ad}(S)_O$——空气干燥煤样中有机硫的质量分数，%；

　　　$w_{ad}(S)_t$——空气干燥煤样中全硫的质量分数，%；

　　　$w_{ad}(S)_S$——空气干燥煤样中硫酸盐硫的质量分数，%；

　　　$w_{ad}(S)_P$——空气干燥煤样中硫化铁硫的质量分数，%。

由于把这三种硫的测定误差都累积到了有机硫上，有机硫的计算值误差比较大。当测得的全硫结果偏低，硫化铁中的硫和硫酸盐中的硫结果偏高，而煤中有机硫的含量又极低时，有机硫的结果可能是负值。

4.2.2.5　氧的计算

氧的计算式为：

$$w_{ad}(O) = 100 - w_{ad}(M) - w_{ad}(A) - w_{ad}(C) - w_{ad}(H) - w_{ad}(N) - w_{ad}(S)_t - w_{ad}(CO_2)$$

式中　$w_{ad}(O)$——空气干燥煤样中氧的质量分数，%；

$w_{ad}(M)$ ——空气干燥煤样中水分的质量分数,%；

$w_{ad}(A)$ ——空气干燥煤样中灰分的质量分数,%；

$w_{ad}(C)$ ——空气干燥煤样中碳的质量分数,%；

$w_{ad}(H)$ ——空气干燥煤样中氢的质量分数,%；

$w_{ad}(N)$ ——空气干燥煤样中氮的质量分数,%；

$w_{ad}(S)_t$ ——空气干燥煤样中全硫的质量分数,%；

$w_{ad}(CO_2)$ ——空气干燥煤样中碳酸盐二氧化碳的质量分数,%。

4.3　分析结果的基准换算

4.3.1　煤在各基准下的工业分析和元素分析组成

（1）空气干燥基：

$$V_{ad} + w_{ad}(FC) + A_{ad} + M_{ad} = 100$$

$$w_{ad}(C) + w_{ad}(H) + w_{ad}(O) + w_{ad}(N) + w_{ad}(S) + A_{ad} + M_{ad} = 100$$

（2）干燥基

$$V_d + w_d(FC) + A_d = 100$$

$$w_d(C) + w_d(H) + w_d(O) + w_d(N) + w_d(S) + A_d = 100$$

（3）收到基

$$V_{ar} + w_{ar}(FC) + A_{ar} + M_{ar} = 100$$

$$w_{ar}(C) + w_{ar}(H) + w_{ar}(O) + w_{ar}(N) + w_{ar}(S) + A_{ar} + M_{ar} = 100$$

（4）干燥无灰基

$$V_{daf} + w_{daf}(FC) = 100$$

$$w_{daf}(C) + w_{daf}(H) + w_{daf}(O) + w_{daf}(N) + w_{daf}(S) = 100$$

（5）干燥无矿物质基

$$V_{dmmf} + w_{dmmf}(FC) = 100$$

$$w_{dmmf}(C) + w_{dmmf}(H) + w_{dmmf}(O) + w_{dmmf}(N) + w_{dmmf}(S) = 100$$

4.3.2　常用基准间的相互关系

五种基准间的相互关系见图4-3。

4.3.3　分析结果计算与表达

4.3.3.1　分析结果的基准换算

　　煤在进行工业分析、元素分析和某些其他煤质分析时一般采用空气干燥煤样为试样，所得到的直接结果为空气干燥基数据。但由于用途不同，这些分析数据往往

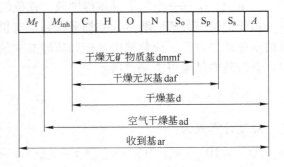

图 4-3　基准间的相互关系

需要采用其他的基准来表示。如煤作为气化原料或动力燃料时，热工计算中多采用收到基数据；在炼焦生产上，为便于比较，常采用干燥基表示灰分 A_d 和挥发分 V_d，也常采用干燥基表示全硫含量 $w_d(S)_t$，在研究煤结构和煤质特性时，通常以干燥无灰基表示挥发分产率。

由于不同基准之间存在如图 4-3 所示的关系，因此可以对煤质分析数据进行常用基准的换算，基准换算的基本原理是质量守恒定律。该定律应用于此可以表述为：煤中任一成分的分析结果无论采用哪种基准表示时，该成分的绝对质量不会发生变化。

【例 4-1】 已知某煤 A_{ad}、M_{ad}，求其 A_d？

解： 假设空气干燥煤样的质量为 $m_{ad}=100$，则干燥煤样的质量为 $m_d=100-M_{ad}$。

空气干燥煤样中灰分的质量为：

$$100 \times \frac{A_{ad}}{100} = A_{ad}$$

干燥煤样中灰分的绝对质量为：

$$(100 - M_{ad}) \times \frac{A_d}{100}$$

根据质量守恒定律：

$$A_{ad} = A_d \times \frac{100 - M_{ad}}{100}$$

$$A_d = A_{ad} \times \frac{100}{100 - M_{ad}}$$

若将灰分产率 A 看做是工业分析或元素分析中的任意一部分，并用 x 代表代入可得：

$$x_{ad} = x_d \times \frac{100 - M_{ad}}{100} \tag{4-1}$$

$$x_d = x_{ad} \times \frac{100}{100 - M_{ad}} \tag{4-2}$$

同理可得：

$$x_d = x_{daf} \times \frac{100 - A_d}{100} \tag{4-3}$$

$$x_{daf} = x_d \times \frac{100}{100 - A_d} \tag{4-4}$$

【例 4-2】 已知某煤 $M_{f,ar}$、$M_{inh,ad}$，求其全水分 $M_{t,ar}$。

解： 由题意得 $M_{inh,ad} = M_{ad}$，$M_{t,ar} = M_{ar}$

假设收到煤的质量 $m_{ar}=100$，则空气干燥基煤的质量应为 $m_{ad}=100-M_{f,ar}$

收到煤内在水分的质量为：$m_{inh,ar} = M_{inh,ar}$

空气干燥煤中内在水分质量为：$m_{inh,ad} = (100 - M_{f,ar}) \times \frac{M_{ad}}{100}$

根据质量守恒定律：$M_{inh,ar} = (100 - M_{f,ar}) \times \frac{M_{ad}}{100}$

所求收到基全水分应为收到基下外在水分与内在水分之和，整理得：

$$M_{ar} = M_{inh,ar} + M_{f,ar} = (100 - M_{f,ar}) \times \frac{M_{ad}}{100} + M_{f,ar} \qquad (4\text{-}5)$$

$$M_{f,ar} = \frac{100(M_{ar} - M_{ad})}{100 - M_{ad}} \qquad (4\text{-}6)$$

【例 4-3】 已知某煤 X_{ad}、M_{ar}、M_{ad}，求 X_{ar}

解：假设收到煤的质量 $m_{ar} = 100$，则空气干燥基煤的质量应为 $m_{ad} = 100 - M_{f,ar}$

在收到煤中，X 的质量为 $X_{ar} = X_{ad} \times \dfrac{100 - M_{f,ar}}{100}$；

在空气干燥煤中，X 的质量为 $(100 - M_{f,ar}) \times \dfrac{X_{ad}}{100}$

X 的绝对质量不变，应有 $X_{ar} = (100 - M_{f,ar}) \times \dfrac{X_{ad}}{100}$

整理得：
$$X_{ar} = X_{ad} \times \frac{100 - M_{ar}}{100 - M_{ad}} \qquad (4\text{-}7)$$

按照类似的方法可推导出常用基准间的其他换算公式见表4-4。

表 4-4   不同基准的换算公式（GB/T 483—2007）

要求基 / 已知基	空气干燥基 ad	收到基 ar	干基 d	干燥无灰基 daf	干燥无矿物质基 dmmf
空气干燥基 ad		$\dfrac{100 - M_{ar}}{100 - M_{ad}}$	$\dfrac{100}{100 - M_{ad}}$	$\dfrac{100}{100 - (M_{ad} + A_{ad})}$	$\dfrac{100}{100 - (M_{ad} + MM_{ad})}$
收到基 ar	$\dfrac{100 - M_{ad}}{100 - M_{ar}}$		$\dfrac{100}{100 - M_{ar}}$	$\dfrac{100}{100 - (M_{ar} + A_{ar})}$	$\dfrac{100}{100 - (M_{ar} + MM_{ar})}$
干基 d	$\dfrac{100 - M_{ad}}{100}$	$\dfrac{100 - M_{ar}}{100}$		$\dfrac{100}{100 - A_d}$	$\dfrac{100}{100 - MM_d}$
干燥无灰基 daf	$\dfrac{100 - (M_{ad} + A_{ad})}{100}$	$\dfrac{100 - (M_{ar} + A_{ar})}{100}$	$\dfrac{100 - A_d}{100}$		$\dfrac{100 - A_d}{100 - MM_d}$
干燥无矿物质基 dmmf	$\dfrac{100 - (M_{ad} + MM_{ad})}{100}$	$\dfrac{100 - (M_{ar} + MM_{ar})}{100}$	$\dfrac{100 - MM_d}{100}$	$\dfrac{100 - MM_d}{100 - A_d}$	

【例 4-4】   某煤样 $M_{ad} = 1.65\%$，$A_{ad} = 23.51\%$，$V_{ad} = 25.75\%$，求 $w_{ad}(FC)$ 和 $w_{daf}(FC)$。

解：因为 $M_{ad} + A_{ad} + V_{ad} + w_{ad}(FC) = 100$

所以 $w_{ad}(FC) = 100 - 1.65 - 23.51 - 25.75 = 49.09(\%)$

根据表4-4有：

$$w_{daf}(FC) = w_{ad}(FC) \times \frac{100}{100 - M_{ad} - A_{ad}} = 49.09 \times \frac{100}{100 - 1.65 - 23.51} = 65.59(\%)$$

答：$w_{ad}(FC)$、$w_{daf}(FC)$ 分别为 49.09%、65.59%。

【**例 4-5**】 称取空气干燥煤样 1.0400g 放入预先鼓风并加热到 105~110℃ 的烘箱中干燥 2h，煤样失重 0.0312g；又称此空气干燥煤样 1.0220g，灼烧后残渣质量为 0.1022g；再称此空气干燥煤样 1.0550g，在 (900±10)℃ 下加热 7min，质量减少了 0.2216g，求该煤样的 A_d，V_{daf}，$w_{ad}(FC)$。

解：（1）据题意得：

$$M_{ad} = \frac{0.0312}{1.0400} \times 100 = 3.00(\%)$$

$$A_{ad} = \frac{0.1022}{1.022} \times 100 = 10.00(\%)$$

（2）由式（4-2）和表 4-4 有：

$$A_d = A_{ad} \times \frac{100}{100 - M_{ad}} = 10.00 \times \frac{100}{100 - 3.00} = 10.31(\%)$$

（3）根据表 4-4 有：

$$V_{daf} = V_{ad} \times \frac{100}{100 - M_{ad} - A_{ad}} = 18.00 \times \frac{100}{100 - 3.00 - 10.00} = 20.69(\%)$$

（4）由 $M_{ad} + A_{ad} + V_{ad} + w_{ad}(FC) = 100$

$$w_{ad}(FC) = 100 - (M_{ad} + A_{ad} + V_{ad}) = 100 - (3.00 + 10.00 + 18.00) = 69.00(\%)$$

4.3.3.2 数据修约规则

分析结果凡末位有效数字后面的第一位数字大于 5，则在其前一位上增加 1，小于 5 则弃去；凡末位有效数字后面的第一位数字等于 5，而 5 后面的数字并非全为 0，则在 5 的前一位上增加 1；5 后面的数字全部为 0 时，如 5 前面一位为奇数，则在 5 的前一位上增加 1，如前面一位为偶数（包括 0），则将 5 弃去。所拟舍弃的数字，若为两位以上时，不得连续进行多次修约，应根据所拟舍弃数字中左边第一个数字的大小，按上述规则进行一次修约。

  例：26.376→26.38

    26.374→26.37

    26.3751→26.38

    26.3750→26.38

    26.3850→26.38

4.3.3.3 结果报告

煤炭分析试验结果，取 2 次或 2 次以上重复测定值的算术平均值，按上述修约规则修约到 GB/T483-2007 规定的位数。

习　题

A　选择题

1. 对于高挥发分（$V_{daf} > 30\%$）低煤化度煤，最高内在水分 MHC 随着 V_{daf} 的增加迅速（　　）。

　　A. 减小　　　　　　　　B. 增大　　　　　　　　C. 减小后增大　　　　　　D. 增大后减小

2. 煤中的矿物质是（　　）。

　　A. 除水分外所有无机质的总称　　B. 所有有机质的总称　　C. 所有无机质的总称

3. 在煤的元素组成中（　　）含量最高。

　　A. 硫　　　　　　　　　B. 氧　　　　　　　　　C. 碳　　　　　　　　　D. 氢

4. 煤中硫含量一般约有（　　）。

　　A. 1% ~ 10%　　　　　B. 0.1% ~ 1%　　　　　C. 0.01% ~ 1%　　　　　D. 0.1% ~ 10%

5. 煤的（　　）含量随着煤化度升高而有规律地增加。

　　A. 氧　　　　　　　　　B. 氢　　　　　　　　　C. 碳　　　　　　　　　D. 氮

6. 通过洗选，最易除去的矿物质是（　　）矿物质。

　　A. 原生　　　　　　　　B. 次生　　　　　　　　C. 外来　　　　　　　　D. 结晶

7. 煤的工业分析包括煤中（　　）的内容。

　　A. 水分　　　　　　　　B. 灰分　　　　　　　　C. 固定碳的计算　　　　　D. 挥发分

8. 煤的水分，按其在煤中存在的状态，可以分为（　　）。

　　A. 化合水　　　　　　　B. 内在水分　　　　　　C. 空气干燥基水分　　　　D. 外在水分

9. 下列哪项不能够反映煤化程度（　　）。

　　A. 挥发分　　　　　　　B. 硫分　　　　　　　　C. 镜质反射率　　　　　　D. 碳含量

10. 煤热量的主要来源（　　）。

　　A. C　O　　　　　　　B. H　O　　　　　　　C. C　H　　　　　　　　D. N　P

11. 煤中最高内在水的相对湿度（　　）。

　　A. 95% ~ 96%　　　　B. 96% ~ 97%　　　　C. 97% ~ 98%　　　　　D. 98% ~ 99%

12. 全水分的测定主要用于（　　）。

　　A. 元素分析　　　　　　B. 工业分析　　　　　　C. 煤质分析　　　　　　　D. 化学分析

B　简答题和计算题

1. 什么叫煤的工业分析、煤的元素分析，它们各用什么符号表示？

2. 煤中水分存在的形式有哪几种，它们各有什么特征？

3. 什么是煤的空气干燥煤样水分和收到基水分，这两种水分之间有什么区别与联系？

4. 什么是煤的灰分，什么是煤的挥发分？

5. 什么是焦渣，它有几种不同类型？试分别写出其名称。

6. 固定碳与煤中碳元素的含量有何区别？

7. 煤中存在哪三种形态的硫，各以什么组成存在？

8. 简述艾氏法测定煤中全硫的原理。

9. 煤分析中常用的基准有哪几种？

10. 某煤样 $M_{ad} = 3.0\%$，$A_{ad} = 11.0\%$，$V_{ad} = 24\%$，求其：$w_{ad}(FC)$、$w_d(FC)$ 和 $w_{daf}(FC)$。

11. 设某煤样 $M_{ar} = 11.5\%$，$M_{ad} = 1.545$，$A_{ad} = 30.55\%$，$w_{ar}(H) = 3.47\%$，求 A_{ar}、$w_{daf}(H)$。

12. 煤的工业分析结果如下：空气干燥基的水分 $M_{ad} = 2.00\%$，灰分 $A_{ad} = 25.32\%$，挥发分 $V_{ad} =$

7.65%，求其 A_d、V_{daf}。

13. 已知某煤样 M_{ad} 为 1.68%，A_{ad} 为 23.76%，测挥发分时，坩埚重 17.9765g，加煤样后重 18.9849g，加热后重 18.6923g，求 V_{daf}。

14. 称取空气干燥基煤试样 1.2000g，灼烧后残余物的质量是 0.1000g，已知收到基水分为 5.40%，空气干燥基水分为 1.50%，求收到基、空气干燥基、干燥基和干燥无灰基的灰分。

15. 某煤 $M_{ad} = 1.00\%$，$A_{ad} = 4.90\%$，$V_{ad} = 29.70\%$，求 $w_d(FC)$ 和 $w_{daf}(FC)$。

5 煤的工艺性质

学习目标

【1】熟练掌握煤的黏结性和结焦性指标的方法要点；

【2】理解煤的工艺性质的相关概念；

【3】知道煤的黏结性和结焦性指标测量时的煤样要求；

【4】能够掌握测定煤的工艺性质意义。

煤的工艺性质是工业评价合理用煤的依据。煤的工艺性质是指煤在一定的加工工艺条件下或某些转化过程中呈现的特性，主要有煤的黏结性、结焦性、发热量、化学反应性、结渣性、煤灰的熔融性、热稳定性和可选性等。

煤的种类或产地不同，其工艺性质往往差别较大，不同加工利用方法对煤的工艺性质有不同的要求。为了正确地评价煤质，合理使用煤炭资源和提高煤的综合利用价值，并满足各种工业用煤的质量要求，必须了解煤的各种工艺性质。

5.1 煤的黏结性和结焦性指标

煤的黏结性和结焦性是炼焦用煤的重要工艺性质。炼焦煤（或配煤）必须具有较好的黏结性和结焦性，才能炼出优质焦炭。煤的黏结性是指煤在干馏时黏结其本身或外加惰性物质的能力，反映炼焦用煤在干馏过程中软化熔融形成胶质体并固化黏结成焦的能力。煤的结焦性是指煤经干馏形成焦炭的特性，反映炼焦用煤在干馏过程中软化熔融黏结成半焦，以及半焦进一步热解、收缩最终形成焦炭全过程的能力。黏结性是结焦性的前提和必要条件。结焦性好的煤，黏结性一定好，但黏结性好的煤，结焦性不一定好。煤的黏结性和结焦性是评价炼焦用煤的重要指标，其他热加工（气化、低温干馏）和动力用煤也需用这一指标。

煤黏结性和结焦性的测定方法很多，可以分为以下三类：

（1）根据胶质体的数量和性质进行测定，如胶质层厚度、吉氏流动度、奥阿膨胀度等。

（2）根据煤黏结惰性物料能力的强弱进行测定，如罗加指数和黏结指数等。

（3）根据所得焦块的外形进行测定，如坩埚膨胀序数和格金指数等。

测定煤的黏结性和结焦性时，煤样的制备与保存十分重要。一般应在制样后立即分析，以防止氧化的影响。

5.1.1 罗加指数 （GB/T 5449—1997）

罗加指数 （R. I.） 是 1949 年波兰煤化学家罗加提出的测试烟煤黏结能力的指标，以在规定条件下，煤与标准无烟煤完全混合并碳化后，所得焦炭的机械强度来表征。罗加指数在一定程度上能反映焦炭的强度。

我国不同煤化程度煤的罗加指数如表 5-1 所示。

表 5-1　我国不同煤化程度煤的罗加指数

煤　种	长焰煤	气　煤	肥　煤	肥气煤	焦煤	瘦　煤	贫　煤	年轻无烟煤
R. I.	0 ~ 15	15 ~ 85	75 ~ 90	40 ~ 85	60 ~ 85	5 ~ 60	≤5	0

5.1.1.1　煤样要求和测定方法提要

（1）煤样要求。试验所用煤样应按 GB 474《煤样的制备方法》制备，其中 0.1 ~ 0.2mm 的煤粒应占全部煤样的 20% 以上。煤样应装在密封的容器中。制样后到试验的时间不应超过一周。经全国煤炭标准化技术委员会认可，测定罗加指数所用的无烟煤应符合下列要求：其中 A_d 小于 4%；V_{daf} 小于 7%；粒度 0.3 ~ 0.4mm；筛下率不大于 7%。

（2）方法提要。1g 烟煤样和 5g 专用无烟煤充分混合，在严格规定的条件下焦化，冷却至室温，称量得残焦的总质量为 m；得到的焦炭在特定的转鼓中进行转磨试验，用 1mm 的圆孔筛筛分，称量得筛上物的质量为 m_1；将筛上物装入罗加转鼓中以（50 ± 2）r/min 的转速转磨 5min，再用 1mm 圆孔筛筛分，称量得筛上物质量为 m_2；将筛上物在转鼓中重复转动 5min 后再次筛分，称量得筛上物质量为 m_3；将筛上物再一次进行转鼓试验，称量得筛上物质量为 m_4，根据试验结果计算出罗加指数（R. I.）。

5.1.1.2　结果计算

按式（5-1）计算罗加指数：

$$\text{R. I.} = \frac{\dfrac{m_1 + m_4}{2} + m_2 + m_3}{m} \tag{5-1}$$

式中　m——焦化后焦渣总量，g；

　　　m_1——焦渣过筛，其中大于 1mm 焦渣的质量，g；

　　　m_2——第一次转鼓试验后过筛，其中大于 1mm 焦渣的质量，g；

　　　m_3——第二次转鼓试验后过筛，其中大于 1mm 焦渣的质量，g；

　　　m_4——第三次转鼓试验后过筛，其中大于 1mm 焦渣的质量，g。

以重复测定结果的算术平均值作为最终结果。计算结果取到小数点后第一位，报告结果取整数。

罗加指数能比较合理地估价煤的黏结能力，对弱黏结煤和中等黏结性煤的区分能力甚强；罗加指数对区分中等煤化程度的煤的黏结性更为适用。测定罗加指数所需设备简单、加热和测定快速、试验所需煤样量较少，方法简便易行。但此法必需使用专用无烟煤，不同国家在测定罗加指数时使用的专用无烟煤不同，由于加热速度快，会使测定结果偏高且重现性较差。

5.1.2　黏结指数（GB/T 5447—1997）

煤的黏结指数（用 $G_{R.I.}$ 表示，简写为 G）由中国煤炭科学研究院北京煤化学研究所提出，是表征煤黏结性的物理量。以在规定条件下，煤与专用无烟煤完全混合并碳化后，所得焦炭的机械强度来表征。该指标是新的煤炭分类作为区分黏结性的一项重要指标。

5.1.2.1　煤样要求和测定方法提要

（1）煤样要求。GB/T 5447—1997 适用于烟煤黏结指数的测定。测定黏结指数专用无烟煤（简称专用无烟煤），符合 GB 14181—1997 规定要求。其中水分应小于 2.5%；灰分应小于 4.0%；挥发分应小于 8.0%；粒度应为 100~200μm，其中粒度大于 200μm 的筛上率应不大于 4%；粒度小于 100μm 筛下率应不大于 6%。

（2）方法提要。将一定质量的试验煤样和专用无烟煤，在规定的条件下混合，快速加热成焦，焦化后，称出焦块质量 m；所得焦块在一定规格的转鼓内进行强度检验，第一次转磨后，用 1mm 孔径的圆孔筛筛分，称出其筛上物质量为 m_1；再将筛上物以同样的转速与时间进行第二次转磨、筛分，并称筛上焦炭质量为 m_2。用规定的公式计算黏结指数，以表示试验煤样的黏结能力。黏结指数和罗加指数的测定原理相同，也是通过测定焦块的耐磨强度来评定烟煤的黏结性大小。

5.1.2.2　结果计算

按式（5-2）计算黏结指数 $G_{R.I.}$：

$$G_{R.I.} = 10 + \frac{30m_1 + 70m_2}{m} \tag{5-2}$$

式中　　m——焦化后焦渣总量，g；

　　　　m_1——第一次转鼓试验后过筛，其中大于 1mm 焦渣的质量，g；

　　　　m_2——第二次转鼓试验后过筛，其中大于 1mm 焦渣的质量，g。

计算结果取到小数点后第一位。

补充：当测得的 $G_{R.I.}$ 小于 18 时，需要重新测试。这时，试验煤样和专用无烟煤的比例调整为 3：3（3g 试验煤样与 3g 专用无烟煤）。其余试验步骤同上。结果按式（5-3）计算：

$$G_{R.I.} = \frac{30m_1 + 70m_2}{m} \tag{5-3}$$

式中，符号意义均与式（5-2）相同。

黏结指数测试的允许误差：每一测试煤样应分别进行二次重复测试，以平行测试结果的算术平均值为最终结果（结果取到小数点后第一位）。

（1）$G_{R.I.} \geq 18$ 时，同一化验室两次平行测试值之差不得超过 3；不同化验室间报告值之差不得超过 4。

（2）$G_{R.I.} < 18$ 时，同一化验室两次平行测试值之差不得超过 1；不同化验室间报告值之差不得超过 2。

黏结指数与罗加指数的测定方法比较：（1）将标准无烟煤的粒度由 0.3~0.4mm 改为 0.1~0.2mm，这有助于提高区分强黏结煤的黏结能力，且无烟煤和烟煤的粒度相近，容易混合均匀，减少误差；（2）将三次转鼓改为两次，修改了计算公式，简化了操作；（3）对弱黏结性的煤，试验煤样和专用无烟煤的比例改为3：3，提高了弱黏结性煤的区分能力。因此黏结指数的测定更为方便简捷，测值稳定且对强黏结性和弱黏结性的煤区分能力都有所提高，测定结果重现性较好。黏结指数与罗加指数两者的关系见图5-1。

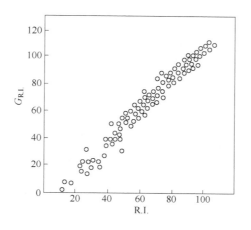

图 5-1　煤的黏结指数与罗加指数的关系

5.1.3　胶质层指数 （GB/T 479—2000）

5.1.3.1　概念

胶质层指数是由苏联萨波日尼柯夫和巴齐列维奇于1932年提出的，它是一种单向加热法。该法可测定胶质层最大厚度 Y、最终收缩度 X 和体积曲线类型，并可了解焦块特征。胶质层指数是一种表征烟煤塑性的指标，以胶质层最大厚度 Y 值，最终收缩度 X 值等表示。其中胶质层最大厚度是指烟煤胶质层指数测定中利用探针测出的胶质体上、下层面差的最大值。它是我国现行煤炭分类和评价炼焦及配煤炼焦的主要指标。胶质层体积曲线是指烟煤胶质层指数测定中所记录的胶质体上部层面位置随温度变化的曲线。最终收缩度是指在烟煤胶质层指数测定中，温度为730℃时，体积曲线终点与零点线的距离。

5.1.3.2　测定原理及方法

该法模拟工业炼焦条件，将煤样装入煤杯中，煤杯放在特制的电炉内以规定的升温速度从底部单侧加热，因此，煤样温度从上到下不断递增，形成一系列的等温层面。温度相当于软化点的层面以上的煤样尚未有明显的变化；而该层面以下的煤样都热解软化形成胶质体；温度相当于固化点的层面以下的煤样则固化成半焦。在煤杯中的煤样就相应形成了未软化的煤样层、胶质层和半焦层三部分，如图5-2所示。试验过程中开始在煤杯下部生成的胶质层比

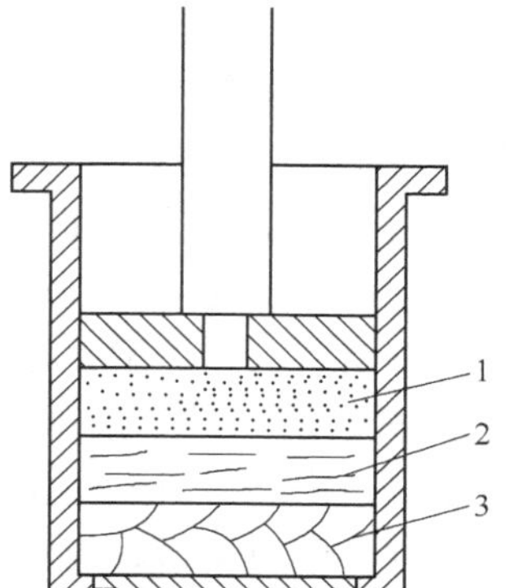

图 5-2　煤杯中煤样结焦过程
1—煤样层；2—胶质层；3—半焦层

较薄，之后逐渐变厚，最后又逐渐变薄。这样，在煤杯中部会出现胶质层厚度的最大值。测定结束后，通过记录系统可绘制出压力盘位置随时间变化曲线（即体积曲线），可以决定最终收缩度和体积曲线类型。

胶质层指数的测定结果，如图5-3所示。图中体积曲线的形状与煤在胶质体状态的性质有直接关系，它取决于胶质体分解时产生的气体析出量、析出强度、胶质层厚度和透气性以及半焦的裂纹等。体积曲线有七种类型（见图5-4），它的形状与煤种有一定关系，如肥煤多为"山"字型、"之"字型、微波型或"之""山"混合型，而瘦煤多为平滑下降或斜降型。

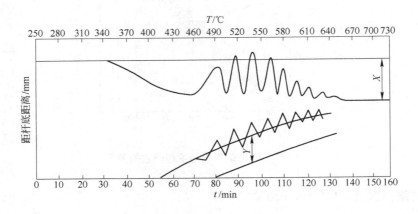

图5-3　胶质层指数测定曲线加工示意图

测定结束时，煤杯内的煤样全部结成半焦，同时体积收缩，温度为730℃时，体积曲线也下降到了终点，体积曲线终点与零点线的距离为最终收缩度 $X(\text{mm})$。最终收缩度主要与煤化程度有关，随煤化程度的增高，最终收缩度变小。另外，对煤化程度相同的煤，其最终收缩度与煤岩成分也有关系，稳定组的收缩度大，镜质组次之，惰质组最小。最终收缩度可以表征煤成焦后的收缩情况，通常收缩度大的煤炼出的焦炭裂纹多，块度小，强度低。

5.1.3.3　方法特点

在新的煤炭分类标准中胶质层厚度 Y 值起到了重要作用。胶质层指数表征煤的结焦性的最大优点是 Y 值有可加性。这种可加性可以从单煤 Y 值计算到配煤 Y 值，可以估算配煤炼焦 Y 值的较佳方案，且测定简单，重现性好，对中等煤化程度煤的黏结性区分能力强。该法不仅可测定 Y 值，而且可确定胶质体温度间隔、最终收缩度、体积曲线和焦块特征等。但它的测定受主观因素的影响很大，要求仪器的规范性强，煤样粒度、升温速度、压力、煤杯材料、转炉耐火材料等都能影响测试结果。一般，当 $Y < 10\text{mm}$ 和 $Y > 25\text{mm}$ 时，Y 值数据较差；另外用煤样量太大，能反映胶质层的最大厚度，但不能反映出胶质层的质量。所以生产和科研上还要通过其他方法来评定煤的黏结性。

另外，胶质层指数与罗加指数有一定关系。图5-5为胶质层指数和罗加指数的关系图。例如，Y 值在 $5 \sim 10\text{mm}$ 的弱黏结煤，其 R.I. 在 $20 \sim 70$ 之间。对 Y 值无法分辨的弱黏煤，可用罗加指数分辨；即使 Y 值已为零的弱黏煤，R.I. 也在 $0 \sim 20$ 的范围内，此时测定误差较大。

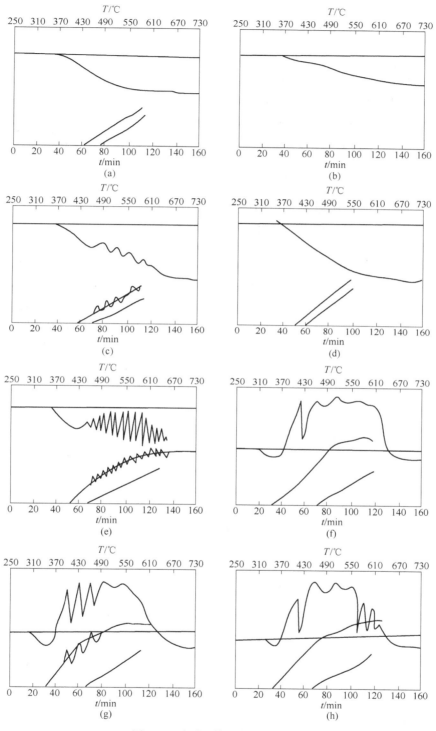

图 5-4 胶质层体积曲线类型图

（a）平滑下降型；（b）平滑斜降型；（c）波型；（d）微波型；
（e）之字型；（f）山字型；（g）之山混合型；（h）之山混合型

5.1.4　奥阿膨胀度（GB/T 5450—1997）

奥阿膨胀度由奥迪贝尔和阿尼二人提出，是烟煤膨胀性和塑性的量度，以膨胀度 b 和收缩度 a 等参数表征。这是一种以慢速加热来测定煤的黏结性的方法。目前，烟煤奥阿膨胀度试验的 b 值是我国新的煤炭分类国家标准中区分肥煤的重要指标之一。

5.1.4.1　煤样要求和测定方法提要

GB/T 5450—1997 适用于烟煤奥阿膨胀度测定。测定方法提要：将试验煤样按规定方法与水混匀制成一定规格的煤笔，放在一根标准口径的管子（膨胀管）内，其上放置一根连有记录笔的能在管内自由滑动的钢杆（膨胀杆）。将上述装置放在已预热到一定温度的专用电炉内，以规定的升温速度加热，必须严格控制升温速度，当膨胀杆下降时，标志煤的收缩；而后当膨胀杆上升时，标志煤的膨胀；最后煤样开始固化形成半焦时，膨胀杆停止运动。记录膨胀杆的位移曲线。以位移曲线的最大距离占煤笔原始长度的百分数，表示煤样膨胀度 b 的大小。图 5-6 是一种典型烟煤的膨胀曲线。

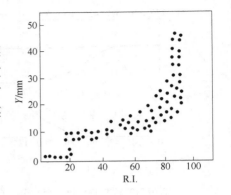

图 5-5　Y 值与 R. I. 的关系

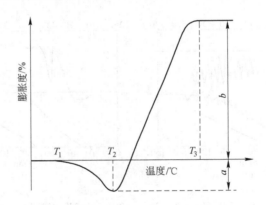

图 5-6　烟煤的膨胀曲线

T_1—软化温度，即膨胀杆下降 0.5mm 时的温度，℃；T_2—开始膨胀温度，即膨胀杆下降到
最低点后开始上升的温度，℃；T_3—固化温度，即膨胀杆停止移动时的温度，℃；
a—最大收缩度，即膨胀杆下降的最大距离占煤笔长度的百分数，%；
b—煤的膨胀度，即膨胀杆上升的最大距离占煤笔长度的百分数，%

5.1.4.2　结果表述

煤的奥阿膨胀度试验能较好地反映烟煤的黏结性。一组烟煤的膨胀度测定结果如图 5-7 所示。

膨胀杆运动的状态和位置与煤的性质（气体析出速度、塑性体的量、黏度、热稳定性等）有密切的关系。图 5-7（a）为"正膨胀"，煤的膨胀曲线超过零点后达到的水平；图

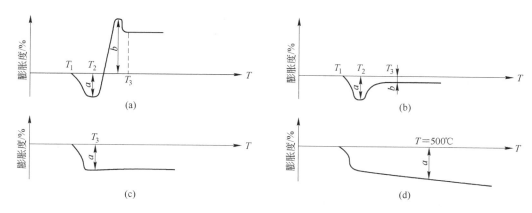

图 5-7 典型膨胀曲线示意图

5-7（b）为"负膨胀"，若收缩后膨胀杆回升的最大高度低于开始下降位置，则膨胀度按膨胀杆的最终位置与开始下降位置间的差值计算，但应以负值表示；图 5-7（c）为"仅收缩"，收缩后膨胀杆没有回升；图 5-7（d）为"调杆收缩"，如果最终的收缩曲线不是完全水平的，而是缓慢向下倾斜，规定以 500℃ 处的收缩值报出。

根据奥阿膨胀度测定时所得的记录曲线，可计算软化温度 T_1、开始膨胀温度 T_2、固化温度 T_3、最大收缩度 a 和膨胀度 b 五个基本参数值。

该法偶然误差小，重现性好，对强黏结煤的黏结性有较好的区别能力，对弱黏结煤区别能力差。烟煤的膨胀度广泛用于研究煤的黏结成焦机理、煤质鉴定、煤炭分类和指导配煤与预测焦炭强度等，是煤炭分类标准中的重要指标之一。另外，煤的膨胀度与胶质体最大厚度之间有较好的相关关系，Y 值越大，煤的膨胀度也越大，如图 5-8 所示。

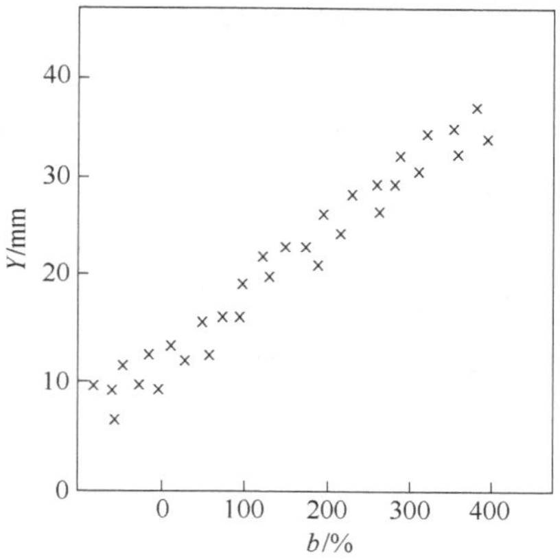

图 5-8 奥阿膨胀度与 Y 值的关系

5.1.5 吉氏流动度

吉氏流动度在 1934 年由吉泽勒提出，是表示烟煤塑性的量度，以最大流动度等参数来表征。后来得到了不断完善，目前应用于世界各地。经过对若干细节的改进后，该仪器已列入美国新的 ASTM 标准。

5.1.5.1 吉氏流动度的测定方法

将 5g 粒度小于 0.425mm 粉煤装入煤甑中，煤甑中央沿垂直方向装有搅拌器，向搅拌器轴施加恒定的扭矩（约为 $9.8 \times 10^{-3} N \cdot m$）。将煤甑放入已加热至规定温度的盐浴内，以 3℃/min 的速度升温。当煤受热软化形成胶质体后，阻力降低，搅拌器开始旋转。胶质体数量越多，黏度越小，则搅拌器转动越快。转速以分度/min 表示，每 360° 为 100 分度。搅拌器的角速度随温度升高出现的有规律的变化曲线用自动记录仪记录下来即为流动度曲线，如图 5-9 所示。

5.1.5.2　结果表述

根据曲线可得出下列指标：

（1）开始软化温度 T_p。吉泽勒流动度指标之一，搅拌桨转速第一次达到 1.0ddpm❶ 时的温度，℃；

（2）最后流动温度。吉泽勒流动度指标之一，搅拌桨转速最后达到 1.0ddpm 时的温度，℃；

（3）最大流动温度 T_{max}。吉泽勒流动度指标之一，搅拌桨转速达到最大时的温度，℃；

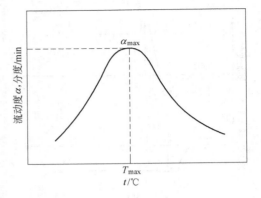

图 5-9　流动度曲线

（4）固化温度 T_k。吉泽勒流动度指标之一，搅拌桨停止转动时的温度，℃；

（5）最大流动度 α_{max}。吉泽勒流动度指标之一，搅拌桨转速达到最大时的流动度，分度/min；

（6）塑性范围。吉泽勒流动度指标之一，从开始软化到最后流动的温度区间，$\Delta T = T_k - T_p$。

吉氏流动度指标可同时反映胶质体的数量和性质，指导配煤炼焦，但适用范围比较窄。对中强黏结性的煤或者中等黏结性的煤有较好的区分能力，但很难测准强黏结性的煤和膨胀性很大的煤种。此外，吉氏流动度测定试验的规范性很强，其搅拌器的尺寸、形状、加工精度对测定结果有十分显著的影响，煤样的装填方式也显著影响测定结果，导致其重现性差。

吉氏流动度与煤化程度有关，如图5-10所示。一般气肥煤的流动度最大，但当胶质体处于较大流动度的时间较短时，曲线陡而尖。肥煤的曲线平坦而宽，它的胶质体在较大流动度时停留的时间较长。

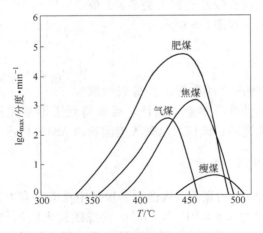

图 5-10　烟煤的吉氏流动度曲线

---

❶ ddpm 刻度盘度（dial division per minute）的缩写。

一些新的煤转化过程采用远高于传统焦炉中的加热速度，在高加热速度约 100℃/min 下进行测量时，软化温度向高温侧移动，最大流动度增大，可塑性持续时间缩短，但盐浴温度 T_{max} 不受影响。

5.1.6　坩埚膨胀序数（GB/T 5448—1997）

坩埚膨胀序数（曾称自由膨胀序数）是指煤的膨胀性和塑性的量度，以在规定条件下煤在坩埚中加热所得焦块的膨胀程度序号表征。在西欧和日本等国普遍采用，是国际硬煤分类的指标之一。

5.1.6.1　方法提要

将煤样置于专用坩埚中，按规定的程序加热到 (820 ± 5)℃，冷却后可得到不同形状的焦块。所得焦块和一组带有序号的标准焦块侧形（见图 5-11）相比较，以最接近的焦型序号作为坩埚膨胀序数。

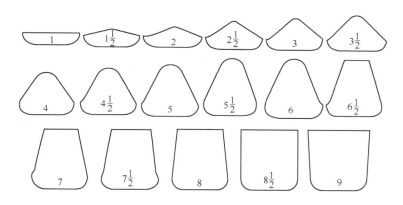

图 5-11　标准焦块侧面图形和相应的膨胀序数

坩埚膨胀序数的大小取决于煤的熔融情况、胶质体形成和存在期间的析气情况以及胶质体的透气性。序数越大，表示煤的膨胀性和黏结性越强。

5.1.6.2　结果表述和报告

煤样的坩埚膨胀序数表述如下：

（1）膨胀序数 0。焦渣不黏结或成粉状。

（2）膨胀序数 $\frac{1}{2}$。焦渣黏结成焦块而不膨胀，将焦块放在一个平整的硬板上，小心地加上 500g 重荷，即粉碎。

（3）膨胀序数 1。焦渣黏结成焦块而不膨胀，加上 500g 重荷后，压不碎或碎成 2～3 个坚硬的焦块。

（4）膨胀序数 $1\frac{1}{2}$ ～9。焦渣黏结成焦块并且膨胀，将焦块放在焦饼观测筒下，旋转焦块，找出最大侧形，再与一组带有序号的标准焦块侧形进行比较，取最接近的标准侧形的序号为其膨胀序数。

（5）有时找不到与焦块侧形接近的投影图形，则可在方格纸上勾画出焦块的投影并求出焦块的投影面积（mm²），然后由投影面积和膨胀序数的相关曲线查出坩埚膨胀序数。焦块投影面积及其相应的膨胀序数见图 5-12。

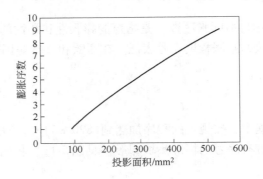

图 5-12　焦块投影面积及其相应的膨胀序数

同一煤样的 5 次试验结果如果不极差，则取 5 次结果的平均值，修约到 1/2 个单位报出，小数点后的数字 2 舍 3 入（即 2 舍为 0，3 入为 5）。如果结果极差，应重新试验。

此法快速简便，几分钟即可完成一次试验，所以得到广泛应用。但该法由于测定结果是根据外形比较确定的，易带较强的主观性，有可能将黏结性较差的煤判断为黏结性较强的煤，利用此法确定膨胀序数为 5 以上的煤时分辨能力较差。

5.1.7　格金指数（GB/T 1341—2007）

此法是由格来和金二人于 1923 年提出的一种煤低温干馏试验方法，用以测定热分解产物收率和焦型，也是煤结焦性的一种测定方法。格金试验焦型是国际煤炭分类的指标之一。

方法提要：该法是将 20g 粉碎至 0.2mm 以下的煤样（空气干燥基）或配煤放在特制的耐热玻璃或石英玻璃干馏管中，将干馏管放入预先通电加热至 300℃ 的格金干馏炉内，以 5℃/min 的加热速度升温到 600℃，并在此温度下保持 15min（在加热的全过程中，实测温度与应达温度之差，不得超过 10℃），停止加热。测定焦油、热解水、半焦、氨、煤气等的收率，同时将所得半焦与一组标准序号焦型（见图 5-13）进行比较定出型号，确定所得半焦的格金焦型指数。具体方法见图 5-14。对焦型大于 G_3（包括不易区分的 G_2 和 G_3 型）的煤样（可根据表 5-2 预先估计）。对强膨胀性煤，则需在煤样中配入一定量的电极炭，其焦型以得到与标准焦型（G）一致的焦型所需的最少电极炭量（整数克数）来表示。

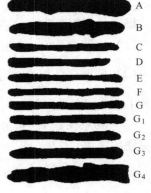

图 5-13　标准焦型

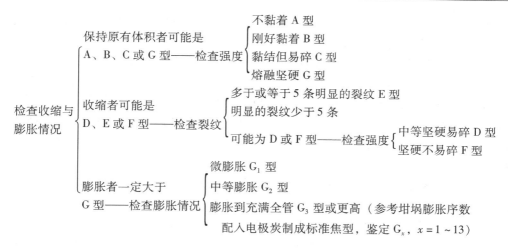

图 5-14　格金焦型的鉴定与分类

表 5-2　焦型估计

坩埚膨胀序数 （按 GB/T 5448 测定）	焦渣特征 （按 GB/T 212 测定）	格金低温 干馏焦型	坩埚膨胀序数 （按 GB/T 5448 测定）	焦渣特征 （按 GB/T 212 测定）	格金低温 干馏焦型
$0 \sim \frac{1}{2}$	$1 \sim 4$	$A \sim B$	$5\frac{1}{2} \sim 7$	$6 \sim 8$	$G_2 \sim G_3$
$1 \sim 3$	$5 \sim 6$	$C \sim G$	$7\frac{1}{2} \sim 9$	$6 \sim 8$	大于 G_3
$3\frac{1}{2} \sim 5$	$6 \sim 8$	$F \sim G_1$			

　　此法可以比较全面了解煤热解的情况，但在评定过程中人为误差较大，在测定强黏结性煤时，需要逐次增加电极炭的添加量，经过多次试验才能确定格金指数，比较繁琐，且不易测准。此外该法对煤的黏结性和结焦性的鉴别能力较强。

5.2　煤的发热量

　　煤的发热量是煤质分析和煤炭分类的重要指标，特别是低煤化程度煤的分类指标之一。另外它也是热工评定的基础和评价动力用煤的一项重要依据。

5.2.1　煤发热量的测定（GB/T 213—2008）

　　煤发热量的测定目前国际、国内均采用氧弹量热法。GB/T 213—2008 测定方法适用于泥炭、褐煤、烟煤、无烟煤、焦炭、碳质页岩等固体矿物燃料及水煤浆发热量的测定。

5.2.1.1　发热量定义及类型

　　（1）煤的发热量是指单位质量的煤完全燃烧时所放出的热量，用符号 Q 来表示，测定结果以 MJ/kg 或 J/g 表示。其中热量计的有效热容量是指量热系统产生单位温升所需的热量（简称热容量），单位为 J/K。

任何物质（包括煤）燃烧产生的热量随燃烧产物的最终温度而改变，温度越高，热量越低。因此，一个严谨的发热量定义，应对燃烧产物的最终温度（参比温度）有所规定（ISO1928 规定的参比温度为 25℃）。但在实际发热量测定时，由于具体条件的限制，把燃烧产物的最终温度限定在一个特定的温度或一个很窄的范围内都是不现实的。当按规定在相近的温度下标定热容量和测定发热量时，温度对燃烧热的影响可近于完全抵消，而无需加以考虑。

（2）根据实验仪器和换算基准的不同，常用的发热量可分为弹筒发热量、恒容高位发热量、恒容低位发热量和恒压低位发热量几种类型。

1）弹筒发热量是指单位质量的试样在充有过量氧气的氧弹内燃烧，其燃烧后的物质组成为氧气、氮气、二氧化碳、硝酸和硫酸、液态水以及固态灰时放出的热量，用符号 Q_b 来表示。

2）恒容高位发热量是指单位质量的试样在恒容条件下，在充有过量氧气的氧弹内燃烧，其燃烧后的物质组成为氧气、氮气、二氧化碳、二氧化硫，液态水以及固态灰时放出的热量。恒容高位发热量即由弹筒发热量减去硝酸形成热和硫酸校正热后得到的发热量，用符号 $Q_{gr,v}$ 来表示。

3）恒容低位发热量是指单位质量的试样在恒容条件下，在过量氧气中燃烧，其燃烧后的物质组成为氧气、氮气、二氧化碳、二氧化硫、气态水（假定压力为 0.1MPa）以及固态灰时放出的热量。恒容低位发热量即由恒容高位发热量减去水（煤中原有的水和煤中氢燃烧生成的水）的汽化潜热后得到的发热量，用符号 $Q_{net,v}$ 来表示。

4）恒压低位发热量是指单位质量的试样在恒压条件下，在过量氧气中燃烧，其燃烧后的物质组成为氧气、氮气、二氧化碳、二氧化硫、气态水（假定压力为 0.1MPa）以及固态灰时放出的热量，用符号 $Q_{net,p}$ 来表示。

5.2.1.2　原理及条件

（1）高位发热量。煤的发热量在氧弹热量计中进行测定。一定量的分析试样在氧弹热量计中，在充有过量氧气的氧弹内燃烧，热量计的热容量通过在相近条件下燃烧一定量的基准量热物苯甲酸来确定，根据试样燃烧前后量热系统产生的温升，并对点火热等附加热进行校正后即可求得试样的弹筒发热量。

从弹筒发热量中扣除硝酸形成热和硫酸校正热（氧弹反应中形成的水合硫酸与气态二氧化硫的形成热之差）即得高位发热量。

（2）低位发热量。煤的恒容低位发热量和恒压低位发热量可以通过分析试样的高位发热量计算，计算恒容低位发热量需要知道煤样中水分和氢的含量。原则上计算恒压低位发热量还需知道煤样中氧和氮的含量。

进行发热量测定的试验室应满足以下条件：

（1）进行发热量测定的试验室，应为单独房间，不应在同一房间内同时进行其他试验项目；

（2）室温应保持相对稳定，每次测定室温变化不应超过 1℃，室温以在 15～30℃ 范围为宜；

（3）室内应无强烈的空气对流，因此不应有强烈的热源、冷源和风扇等，试验过程中应避免开启门窗；

（4）试验室最好位于阴面，以避免阳光照射，否则热量计应放在不受阳光直射的地方。

5.2.1.3 仪器设备

（1）热量计。由燃烧氧弹、内筒、外筒、搅拌器、水、温度传感器、试样点火装置、温度测量和控制系统构成。

通常热量计有两种，恒温式和绝热式，它们的量热系统被包围在充满水的双层夹套（外筒）中，它们的差别只在于外筒的控温方式不同，其余部分无明显区别。

无水热量计的内筒、搅拌器和水被一个金属块代替。氧弹为双层金属构成，其中嵌有温度传感器，氧弹本身组成了量热系统。

发热量的结果应以 J/g 或 MJ/kg 单位报出。自动氧弹热量计在每次试验中应以打印或其他方式记录并给出详细的信息，如观测温升，冷却校正值（恒温式）、有效热容量、样品质量和样品编号、点火热和其他附加热等；以便操作人员可以对由此进行的所有计算都能进行人工验证，所用的计算公式应在仪器操作说明书中给出。计算中用到的附加热应清楚地确定，所用的点火热，副反应热的校正应该明确说明。

（2）附属设备。包括燃烧皿、压力表和氧气导管、点火装置、压饼机和秒表或其他指示 10s 的计时器。

（3）天平。包括两种：分析天平和工业天平。

5.2.2 发热量的计算公式（空气干燥煤样或水煤浆试样）

5.2.2.1 弹筒发热量

A 恒温式热量计：

$$Q_{b,ad} = \frac{EH[(t_n + h_n) - (t_0 - h_0) + C] - (q_1 + q_2)}{m}$$ (5-4)

式中 $Q_{b,ad}$——空气干燥煤样（或水煤浆干燥试样）的弹筒发热量，J/g；

C——冷却校正值，K；

E——热量计的热容量，J/K；

q_1——点火热，J；

q_2——添加物如包纸等产生的总热量，J；

m——试样质量，g；

H——贝克曼温度计的平均分度值；使用数字显示温度计时，$H = 1$；

h_0——t_0 时的毛细孔径修正值，使用数字显示温度计时，$h_0 = 1$；

h_n——t_n 时的毛细孔径修正值，使用数字显示温度计时，$h_n = 1$。

B 绝热式热量计：

$$Q_{b,ad} = \frac{EH[(t_n + h_n) - (t_0 - h_0)] - (q_1 + q_2)}{m}$$ (5-5)

如果称取的是水煤浆试样，计算的弹筒发热量为水煤浆试样的弹筒发热量 $Q_{b,CWM}$。

5.2.2.2　恒容高位发热量

$$Q_{gr,v,ad} = Q_{b,ad} - (94.1S_{b,ad} + aQ_{b,ad}) \tag{5-6}$$

式中　　$Q_{gr,v,ad}$——空气干燥煤样（或水煤浆干燥试样）的恒容高位发热量，J/g；

$\qquad S_{b,ad}$——由弹筒洗液测得的含硫量，以质量分数表示，%；当全硫低于 4.00% 时，或发热量大于 14.60MJ/kg 时，可用全硫（按 GB/T 214 测定）代替 $S_{b,ad}$；

$\qquad$ 94.1——空气干燥煤样（或水煤浆干燥试样）中每 1.00% 硫的校正值，J/g；

$\qquad a$——硝酸形成热校正系数：

$\qquad\qquad$当 $Q_{b,ad} < 16.70$MJ/kg，$a = 0.0010$；

$\qquad\qquad$当 $16.70 < Q_{b,ad} \leqslant 25.10$MJ/kg，$a = 0.0012$；

$\qquad\qquad$当 $Q_{b,ad} > 25.10$MJ/kg，$a = 0.0016$。

加助燃剂后，应按总释热量考虑。

如果称取的是水煤浆试样，计算的高位发热量为水煤浆试样的高位发热量 $Q_{gr,CWM}$（分别用 $Q_{b,CWM}$ 和 $S_{b,CWM}$ 代替上式中的 $Q_{b,ad}$ 和 $S_{b,ad}$）。

5.2.2.3　恒容低位发热量

煤或水煤浆（称取水煤浆干燥试样时）的收到基恒容低位发热量按式（5-7）计算：

$$Q_{net,v,ar} = (Q_{gr,v,ad} - 206w_{ad}(H)) \times \frac{100 - M_t}{100 - M_{ad}} - 23M_t \tag{5-7}$$

式中　　$Q_{net,v,ar}$——煤或水煤浆的收到基恒容低位发热量，J/g；

$\qquad Q_{gr,v,ad}$——煤（或水煤浆干燥试样）的空气干燥基恒容高位发热量，J/g；

$\qquad M_t$——煤的收到基全水分或水煤浆的水分（M_{CWM}）（按 GB/T 211—2007 测定）的质量分数，%；

$\qquad M_{ad}$——煤（或水煤浆干燥试样）的空气干燥基水分（按 GB/T 212—2008 测定）的质量分数，%；

$\qquad w_{ad}(H)$——煤（或水煤浆干燥试样）的空气干燥基氢的质量分数（按 GB/T 476—2008 测定），%；

$\qquad$ 206——对应于空气干燥煤样（或水煤浆干燥试样）每 1% 氢的汽化潜热校正值（恒容），J/g；

$\qquad$ 23——对应于收到基煤或水煤浆中每 1% 水分的汽化潜热校正值（恒容），J/g。

如果称取的是水煤浆试样，其恒容低位发热量按式（5-8）计算：

$$Q_{net,v,CWM} = Q_{gr,v,CWM} - 206w_{CWM}(H) - 23M_{CWM} \tag{5-8}$$

式中　　$Q_{net,v,CWM}$——水煤浆的恒容低位发热量，J/g；

$\qquad Q_{gr,v,CWM}$——水煤浆的恒容高位发热量，J/g；

$\qquad w_{CWM}(H)$——水煤浆氢的质量分数，%；

$\qquad M_{CWM}$——水煤浆水分的质量分数，%；

其余符号意义同前。

5.2.2.4 恒压低位发热量

由弹筒发热量算出的高位发热量和低位发热量都属恒容状态，实际工业燃烧则是恒压状态，严格地讲，工业计算中应使用恒压低位发热量。如有必要，煤或水煤浆（称取水煤浆干燥试样时）的恒压低位发热量可按式（5-9）计算：

$$Q_{net.v.ar} = \left[Q_{gr,v,ad} - 212w_{ad}(H) - 0.8(w_{ad}(O) + w_{ad}(N)) \right] \times \frac{100 - M_t}{100 - M_{ad}} - 24.4M_t$$

(5-9)

式中 $Q_{net.v.ar}$——煤或水煤浆的收到基恒压低位发热量，J/g；

   $w_{ad}(O)$——空气干燥煤样（或水煤浆干燥试样）中氧的质量分数，%；

   $w_{ad}(N)$——空气干燥煤样（或水煤浆干燥试样）中氮的质量分数（按 GB/T 19227—2008 测定），%；

   212——对应于空气干燥煤样（或水煤浆干燥试样）中每1%氢的汽化潜热校正值（恒压），J/g；

   0.8——对应于空气干燥煤样（或水煤浆干燥试样）中每1%氧和氮的汽化潜热校正值（恒压），J/g；

   24.4——对应于收到基煤或水煤浆中每1%水分的汽化潜热校正值（恒压），J/g；
其余符号意义同前。

注：$w_{ad}(O) + w_{ad}(N)$ 可按式（5-10）计算：

$$w_{ad}(O) + w_{ad}(N) = 100 - M_{ad} - A_{ad} - w_{ad}(O) + w_{ad}(C) - w_{ad}(O) + w_{ad}(H) - w_{ad}(S)_t$$

(5-10)

如果称取的是水煤浆试样，水煤浆的恒压低位发热量按式（5-11）计算：

$$Q_{net,p,CWM} = \left[Q_{gr,v,CWM} - 212w_{CWM}(H) - 0.8(w_{CWM}(O) + w_{CWM}(N)) \right] - 24.4M_{CWM}$$

(5-11)

式中 $Q_{net,p,CWM}$——水煤浆的恒压低位发热量，J/g；

   $w_{CWM}(O)$——水煤浆中氧的质量分数，%；

   $w_{CWM}(N)$——水煤浆中氮的质量分数，%；

   其余符号意义同前。

5.2.3 各种不同基的煤的发热量换算

5.2.3.1 高位发热量基的换算

煤的各种不同基的高位发热量按式（5-12）～式（5-14）换算：

$$Q_{gr,ar} = Q_{gr,ad} \times \frac{100 - M_t}{100 - M_{ad}}$$

(5-12)

$$Q_{gr,d} = Q_{gr,ad} \times \frac{100}{100 - M_{ad}}$$

(5-13)

$$Q_{\mathrm{gr,daf}} = Q_{\mathrm{gr,ad}} \times \frac{100}{100 - M_{\mathrm{ad}} - A_{\mathrm{ad}}} \qquad (5\text{-}14)$$

式中　　　Q_{gr}——高位发热量，J/g；

　　　　　A_{ad}——空气干燥基煤样灰分的质量分数,%；

ar，ad，d，daf——分别代表收到基、空气干燥基、干燥基和干燥无灰基；

　　　　其余符号意义同前。

5.2.3.2　低位发热量基的换算

煤的各种不同水分基的恒容低位发热量按式（5-15）计算：

$$Q_{\mathrm{net,v,M}} = \left(Q_{\mathrm{gr,v,ad}} - 206w_{\mathrm{ad}}(\mathrm{H})\right) \times \frac{100 - M}{100 - M_{\mathrm{ad}}} - 23M \qquad (5\text{-}15)$$

式中　$Q_{\mathrm{net,v,M}}$——水分为 M 的煤的恒容低位发热量，J/g；

　　　　　M——煤样的水分，以质量分数表示,%，干燥基时 $M = 0$；空气干燥基时 $M = M_{\mathrm{ad}}$；收到基时 $M = M_{\mathrm{t}}$；

　　　　其余符号意义同前。

5.2.3.3　各种煤的发热量

煤的发热量作为新煤炭分类标准的主要指标之一，受到煤的成因类型、煤化程度、煤岩组成、煤中水分与灰分及煤的风化程度等因素的影响。

煤的发热量随煤化程度的增加呈现规律性的变化，如表 5-3 所示。可知，从褐煤到焦煤发热量随煤化程度加深而增加，到焦煤阶段出现最大值，其干燥无灰基恒容高位发热量达 37.05MJ/kg。从焦煤到高变质无烟煤，随煤化程度加深发热量又逐渐减少，但变化幅度较小。这种变化规律与煤的化学组成密切相关，原因是从褐煤到焦煤阶段，碳含量不断增加，氧含量大幅度减少，而氢含量减少的幅度较小，故煤的发热量呈上升趋势；从焦煤到高变质无烟煤阶段，碳含量增加和氧含量降低的幅度变小，而氢含量明显下降。氢含量的发热量是碳含量热量的 3.7 倍，所以总的结果导致煤的发热量随煤化程度的加深而缓慢下降。

表 5-3　各种煤的发热量（$Q_{\mathrm{gr,v,daf}}$）

煤　种	$Q_{\mathrm{gr,v,daf}}/\mathrm{MJ \cdot kg^{-1}}$	煤　种	$Q_{\mathrm{gr,v,daf}}/\mathrm{MJ \cdot kg^{-1}}$
褐　煤	25.12 ~ 30.56	焦　煤	35.17 ~ 37.05
长焰煤	30.14 ~ 33.49	瘦　煤	34.96 ~ 36.63
气　煤	32.24 ~ 35.59	贫　煤	34.76 ~ 36.43
肥　煤	34.33 ~ 36.84	无烟煤	32.24 ~ 36.22

另外，煤的发热量随其挥发分含量呈抛物线型变化趋势，如图 5-15 所示。在腐殖煤的煤岩组分中，稳定组的发热量最高，镜质组次之，丝质组最低。煤的发热量还随其矿物质、水分及风化程度的增加而下降。煤在燃烧过程中，煤中矿物质大多需吸收热量进行分解，一般灰分和水分每增加 1%，其发热量都大致降低 370J/g。

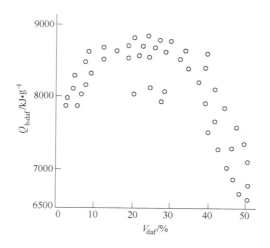

图 5-15　煤的发热量与挥发分的关系

5.3　煤的其他工艺性质

在煤的气化和燃烧工艺过程中，通常需要了解一些与之有关的工艺性质，如煤的反应性、结渣性、热稳定性、煤灰的熔融性等。

5.3.1　煤的反应性（GB/T 220—2001）

煤的反应性又称煤的化学活性，是指在一定温度条件下，煤与不同气体介质（CO_2、O_2 和水蒸气）相互作用的反应能力的量度。在规定条件下，通常用煤将二氧化碳还原为一氧化碳的质量分数表示。它是评价气化用煤和动力用煤的一项重要指标。反应性强弱直接影响到耗煤量和煤气的有效成分。煤的活性一般随煤化程度加深而减弱。

反应性强的煤，在气化和燃烧过程中，反应速度快，效率高。尤其当采用一些高效能的新型气化技术（如流化床或悬浮气化）时，反应性的强弱直接影响到煤在炉中反应的情况、耗氧量、耗煤量及煤气中的有效成分等。在气化燃烧过程中，煤的反应性强弱与其燃烧速度也有密切关系。因此，煤的反应性是气化和燃烧的重要指标。

我国测定反应性的方法是在高温下煤或焦炭还原二氧化碳的性能，以 CO_2 还原率表示煤或焦炭在燃烧、气化和冶金中的重要指标。具体测定方法见 GB 220—2001。

煤对二氧化碳化学反应性的标准适用于褐煤、烟煤、无烟煤及焦炭。测定方法提要：先将煤样干馏，除去挥发物（如试样为焦炭则不需要干馏处理）。然后将其筛分并选取一定粒度的焦渣装入反应管中加热。加热到一定温度后，以一定的流量通入二氧化碳与试样反应。测定反应后气体中二氧化碳的含量，以被还原成一氧化碳的二氧化碳量占通入二氧化碳量的百分数，即二氧化碳还原率 $\alpha(\%)$，作为煤或焦炭对二氧化碳化学反应性的指标。

在高温下，二氧化碳还原率与反应后气体中二氧化碳含量的关系如式（5-16）：

$$\alpha = \frac{100(100 - a - V)}{(100 - a)(100 - V)} \times 100\% \qquad (5-16)$$

式中 α ——二氧化碳还原率,%;

　　　　a ——钢瓶二氧化碳中杂质气体体积分数,%;

　　　　V ——反应后气体中二氧化碳体积分数,%。

将二氧化碳还原率 α 与相应的测定温度绘成曲线如图 5-16 所示。由图可见,煤对二氧化碳的还原率随反应温度的升高而加强。

煤对二氧化碳的还原率越高,表示煤的反应性越强。各种煤的反应性随变质程度的加深而减弱,这是由于碳和二氧化碳的反应不仅在燃料的外表面进行,而且也在燃料的内部毛细孔壁上进行,孔隙率越高,反应表面积越大,反应性越强。不同煤化程度的煤及其干馏所得的残焦或焦炭的气孔率、化学结构是不同的,因此其反应性显著不同。在

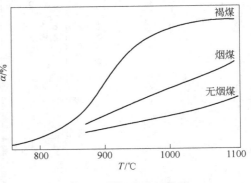

图 5-16　煤的反应性曲线

同一温度下褐煤反应性最强,烟煤次之,无烟煤最弱。通常,煤中矿物含量增加,会使反应性降低。但矿物中如碱金属或碱土金属的化合物对二氧化碳的还原具有催化作用,因此这些矿物含量多时,会使反应性提高。

5.3.2　煤的热稳定性（GB/T 1573—2001）

热稳定性是指煤炭受热后保持规定粒度能力的量度,是煤的一个重要的工艺性质。热稳定性指在规定条件下,一定粒度的煤样受热后,大于 6mm 的颗粒占原煤样的质量分数,用符号 TS_{+6} 表示。煤在燃烧和气化或低温干馏过程中,要求保持比较稳定的块度,即有足够的热稳定性。热稳定性好的煤,在燃烧或气化过程中能保持其原来的粒度或不碎成小块或碎裂较少;热稳定性差的煤,在燃烧和气化或低温干馏过程中则迅速碎成细小颗粒,甚至变为粉状。这样,会增加炉内阻力,降低燃烧、气化或干馏效率,严重时会使炉内结渣,破坏整个正常生产过程,甚至造成停炉事故。因此,要求煤有足够的热稳定性。

煤的热稳定性测定方法提要:量取 6 ~ 13mm 粒度的煤样,在(850 ± 15)℃的马弗炉中隔绝空气加热 30min,冷却,称量,筛分,以粒度大于 6mm 的残焦质量占各级残焦质量之和的百分数作为热稳定性辅助指标 TS_{+6};以 3 ~ 6mm 和小于 3mm 的残焦质量分别占各级残焦质量之和的百分数作为热稳定性辅助指标 $TS_{3 \sim 6}$、TS_{-3}。计算见公式(5-17) ~ 式(5-19):

$$TS_{+6} = \frac{m_{+6}}{m} \times 100 \tag{5-17}$$

$$TS_{3 \sim 6} = \frac{m_{3 \sim 6}}{m} \times 100 \tag{5-18}$$

$$TS_{-3} = \frac{m_{-3}}{m} \times 100 \tag{5-19}$$

式中 TS_{+6} ——煤的热稳定性指标,%;

$TS_{3\sim6}$，TS_{-3}——煤的热稳定性辅助指标，%；

m——各级残焦质量之和，g；

m_{+6}——粒度大于 6mm 残焦质量，g；

$m_{3\sim6}$——粒度为 3～6mm 残焦质量，g；

m_{-3}——粒度小于 3mm 的残焦质量，g。

计算两次测定各级残焦指标的平均值。

总的来说，烟煤的热稳定性好，褐煤和无烟煤的热稳定性差。煤的热稳定性主要受水分和结构的影响。褐煤主要由于水分高，在高温下水分急剧蒸发，煤易破碎；无烟煤是由于质地致密，在高温下造成内外温差大，膨胀不均产生应力而使煤易破碎。热稳定性不好的无烟煤预热处理后，其热稳定性可显著提高。

5.3.3 煤的结渣性（GB/T 1572—2001）

结渣性以在规定条件下，一定粒度的煤样燃烧后，大于 6mm 的渣块占全部残渣的质量分数表示。煤的结渣性是煤在气化或燃烧过程中，煤灰受热软化、熔融而结渣的性能的量度，它对煤质的评价和加工利用有非常重要的意义。

煤中灰分在高温气化和燃烧过程中会熔融而结渣，影响气化（燃烧）炉的正常操作，结渣严重时将会导致停产。因此，必须选择不易结渣或只轻度结渣的煤炭用作气化（燃烧）原料。由于煤灰熔融性并不能完全反映煤在气化（燃烧）炉中的结渣情况，因此，必须用煤的结渣性来判断煤在气化和燃烧过程中结渣的难易程度。

煤的结渣性测定适用于褐煤、烟煤、无烟煤和焦炭。测定方法是将一定质量 3～6mm 粒度的试样装入特制的气化装置中，用木炭引燃，在规定鼓风强度下使其气化（燃烧）。待试样燃尽后停止鼓风，冷却，将残渣称量和筛分。以大于 6mm 的渣块质量百分率表示煤的结渣性。计算见式（5-20）：

$$Clin = \frac{m_1}{m} \times 100 \qquad (5\text{-}20)$$

式中　Clin——结渣率，%；

m_1——粒度大于 6mm 渣块的质量，g；

m——总灰渣质量，g。

煤的结渣性受煤中矿物质的含量、组成及测定时鼓风强度的大小等因素影响。煤灰中某些成分本身就具有很高的熔点（如 Al_2O_3），熔点高的氧化物不易结渣；相反，有些物质（如 Fe_2O_3、Na_2O、K_2O 等）本身的熔点较低，熔点低的氧化物容易结渣；鼓风强度增大时，煤的结渣率增大。

5.3.4 煤灰的熔融性（GB/T 219—2008）

5.3.4.1 煤灰熔融性

煤灰熔融性是指在规定条件下得到的随加热温度而变化的煤灰变形、软化、半球和流动特征的物理状态。煤灰黏度是指煤灰在熔融状态下对流动阻力的量度。煤灰是许多化合物组成的混合物，没有固定的熔点，只有一个相当宽的熔化温度范围。但习惯上将煤灰熔融性称为煤灰熔点。煤的矿物质成分不同，煤的灰熔点比其某一单个成分灰熔点低。煤灰的熔融性取决于煤灰的组成。煤灰成分十分复杂，主要有 SiO_2、Al_2O_3、Fe_2O_3、CaO、MgO 等。煤灰主要成分的含量波动很大，根据煤灰成分可以大致推测煤中矿物质的组成，初步判断煤灰熔点的高低。一般情况下煤灰中 SiO_2 和 Al_2O_3 含量的比例愈大，其熔化温度愈高；而 Fe_2O_3、CaO 和 MgO 等碱性成分的比例愈大，则熔化温度较低。煤灰熔融性是动力和气化用煤的重要质量指标，可根据燃烧或气化设备类型选择具有合适熔融性的原料煤。但煤灰熔融性不能反映煤在气化炉中的结渣性，需用上述煤的结渣性的测定来判断。

气化与燃烧用煤时，煤灰熔融性是一个重要工艺指标，对于固体排渣的气化炉或锅炉，煤灰熔融温度低的煤容易结渣，将给气化（燃烧）炉带来困难，影响正常操作，甚至会停炉。因此，对这类炉子应使用煤灰熔融温度高的原料煤。但对液态排渣的气化炉或锅炉，则希望原料煤的煤灰熔融温度低，熔融灰渣的黏度小，流动性好并且对耐火材料或金属无腐蚀作用。

按照国家标准 GB/T 219—2008 的规定，煤灰熔融性的测定一般采用角锥法。此法设备简单，操作方便，准确性较高，适用于褐煤、烟煤、无烟煤和水煤浆煤样煤灰熔融性的测定。方法是将煤制成一定尺寸的三角锥，在一定的气体介质中，以一定的升温速度加热，观察灰锥在受热过程中的形态变化，观测并记录灰锥变化情况，见图 5-17。

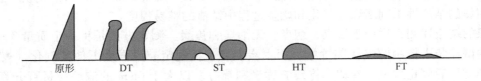

图 5-17　灰锥熔融特征示意图

在灰熔融性测定中，灰锥尖端（或棱）开始变圆或弯曲时的温度，称为变形温度 DT（T_1）（注：如灰锥尖保持原形则锥体收缩和倾斜不算变形温度）；继续加热，灰锥弯曲至锥尖触及托板或灰锥变成球形时的温度，称为软化温度 ST（T_2）；灰锥形状变至近似半球形，即高约等于底长的一半时的温度，称为半球温度 HT；灰锥融化展开成高度小于 1.5mm 的薄层时的温度，称为流动温度 FT（T_3）。工业上通常以 ST 作为衡量煤灰熔融性的主要指标。

中国煤灰熔融性软化温度相对较高，ST 大于 1500℃ 的高软化温度灰约占 44%，ST 等于 1100℃ 的低软化温度的灰约占 2% 左右，其他温度级别的灰一般占 15% ~20%。煤灰软化温度分级见表 5-4。

表 5-4　煤灰软化温度分级表（MT/T 853.1）

序号	级别名称	代号	软化温度(ST)/℃	序号	级别名称	代号	软化温度(ST)/℃
1	低软化温度灰	LST	≤1100	4	较高软化温度灰	RSHT	>1350 ~1500
2	较低软化温度灰	RLST	>1100 ~1250	5	高软化温度灰	HST	>1500
3	中等软化温度灰	MST	>1250 ~1350				

5.3.4.2　煤中矿物质和灰分对工业利用的影响

长期以来，煤无论作为能源还是原材料，煤中的矿物质和灰分都被认为是有害无益的。随着社会的发展，人们意识到煤中矿物质对煤的某些利用也有有益作用，包括煤灰渣的利用已日益受到重视。随着科学技术的日益发展，煤灰渣的综合利用前景十分广阔。

A　煤中矿物质和灰分的不利影响

（1）影响生产操作条件和产品质量。炼焦时，煤中的灰分全部转入焦炭，降低了焦炭的强度，严重影响焦炭质量。炼焦用煤的灰分含量一般不应大于10%。在炼铁时，靠加入石灰石等熔剂与灰分的主要成分是 SiO_2、Al_2O_3 等熔点较高的氧化物生成低熔点化合物才能以熔渣形式由高炉排出，这就使高炉生产能力降低，影响生铁质量，同时也使炉渣量增加。气化和燃烧时，灰分越高，热效率越低；熔化的灰分还会在炉内结成炉渣，同时造成排渣困难。煤灰成分十分复杂，成分不同直接影响到灰分的熔点。如灰熔点低的煤，燃烧和气化时，会给生产操作带来许多困难。因此气化和燃烧对灰的熔融性都有一定的要求。直接液化时，煤中碱金属和碱土金属的化合物会使对加氢液化过程中使用的钴钼催化剂的活性降低，但黄铁矿对加氢液化有正催化作用。直接液化时一般原料煤的灰分小于25%。

（2）增加储存和运输负荷。煤中矿物质含量越高，在煤炭运输和储存中造成的浪费就越大，加剧了我国铁路运输的紧张。

（3）造成环境污染。锅炉和气化炉产生的灰渣和粉煤灰需占用大量的荒地甚至良田，如不能及时利用，会造成大气和水体污染；煤中含硫化合物在燃烧时生成 SO_2、SO_3、COS不仅腐蚀设备，而且污染环境，严重危及植物生长和人的健康。

B　煤中矿物质及煤灰的利用

（1）煤转化过程中的催化剂。碱金属和碱土金属的化合物作为煤气化反应的催化剂。

（2）生产建筑材料和环保制剂。生产水泥、制砖及筑路还可制成废水处理剂、除甲醛载体等。

（3）生产化肥和土壤改良剂。煤的液态渣中喷入磷矿石制复合磷肥。

（4）提取利用矿物质及煤灰中的有用元素——提取钒、锗、镓伴生金属元素等。

C　煤中矿物质的脱除途径

脱除煤中矿物质的途径主要包括物理洗选和化学净化两种方法。物理洗选是降低煤中灰分的有效方法，主要利用煤与矸石的密度不同或表面性质进行分离。化学净化法主要利用煤的有机质与矿物质化学性质不同而进行脱除。

习　题

A　选择题

　1. 煤的黏结性是指（　　）在干馏时黏结其本身或外加惰性物的能力。

　　A. 无烟煤　　　　　　　B. 褐煤　　　　　　　C. 泥炭　　　　　　　D. 烟煤

　2. 无烟煤的黏结指数是（　　）。

　　A. 0　　　　　　　　　B. <5%　　　　　　　C. >5%　　　　　　　D. 10%～20%

3. 某煤样的挥发分 V_{daf} 是 25.36%，黏结指数 G 是 87.4%，其煤种是（　　）。

    A. 肥煤　　　　　　　B. 瘦煤　　　　　　　C. 无烟煤　　　　　　D. 焦煤

4. 下列（　　）属于烟煤。

    A. 瘦煤　　　　　B. 褐煤　　　　　C. 肥煤　　　　　D. 气煤　　　　　E. 焦煤

5. 煤的工艺性质有（　　）等特性。

    A. 黏结性　　　　　　B. 结焦性　　　　　　C. 润湿性　　　　　　D. 可选性

6. 煤的结焦性是指煤在工业焦炉或模拟工业焦炉炼焦条件下，结成具有（　　）焦炭的能力。

    A. 一定块度　　　　　B. 温度　　　　　　　C. 强度　　　　　　　D. 湿度

7. 测定煤黏结性和结焦性的试验方法有（　　）吉氏流动度、胶质层指数、格金焦型等七种。

    A. 坩埚膨胀序数　　B. 黏结指数　　　　C. 罗加指数　　　　D. 反射率

B　简答题

1. 什么是煤的黏结性和结焦性，它们有何区别和联系？

2. 胶质层指数用哪些指标来描述？简述胶质层指数测定的方法要点。用胶质层最大厚度 Y 值反映煤的黏结性有何优点和局限性？

3. 煤的工艺性能包括哪些？

4. 什么是黏结指数和罗加指数，它们是如何测定的，黏结指数和罗加指数有什么区别和联系？

5. 简述奥阿膨胀度和吉氏流动度测定的方法要点，测定结果可得到哪些指标？

6. 发热量的表示单位有哪些，它们的定义是什么，相互间怎样进行换算？

7. 什么是弹筒发热量，什么是高位发热量，什么是低位发热量？

8. 测定发热量的试验室应具备哪些条件？

9. 什么是煤的化学反应性，它与煤质有何关系？

10. 何为煤灰熔融性，测定结果可得到哪些指标？

6 煤的分类

学习目标

【1】知道煤分类的意义和煤分类指标；

【2】理解煤炭分类表征参数；

【3】掌握中国煤炭分类方案体系中的分类指标；

【4】掌握硬煤的国际分类方案体系中的分类指标；

【5】了解单种煤的特性及用途。

6.1 煤分类的意义和煤的分类指标

6.1.1 煤分类的意义

煤是重要的能源和化工原料，各种煤的组成、结构和性质各不相同，用途也各异。煤的分类是人们研究煤的组成、结构、性质、用途，找寻其规律的数据，并对其规律数据进行系统整理的过程。煤的分类具有重要的现实意义，在地质勘探、煤矿生产、煤炭资源调配、煤炭加工利用及煤炭贸易等方面都具有重要的指导作用。世界各国煤炭资源特点不同，工业技术发展水平也有差异，各主要产煤国或以煤为主要能源的国家都根据本国情况，采用不同的分类方法。

中国是世界产煤大国之一，煤炭储量居世界前列，为了使中国丰富的煤炭资源得到充分合理的利用，制订科学合理的煤炭分类方法具有十分重要的意义。

由于煤炭分类的目的不同，产生的分类方法也有多种。根据煤的生成条件提出的成因分类法，将煤分为腐殖煤、腐泥煤和腐殖腐泥煤，这种分类法在地质上用得较多；根据煤的元素组成等基本性质分类称为科学分类；根据煤的工业用途、工艺性质和质量要求进行的分类称为实用分类，又称煤的工业分类，这种分类法发展较快，使煤分类具有更严格的科学性和广泛的实用性。本章主要介绍煤的工业分类。

6.1.2 煤的分类指标

目前世界各国采用的工业分类指标并不统一，但主要有反映煤化程度的指标和反映煤黏结性、结焦性的指标，见表 6-1。

在煤炭分类中分类参数有两类，即用于表征煤化程度的参数和用于表征煤工艺性能的参数。

表 6-1　一些国家煤炭分类指标及方案对照简表

国　家	分类指标	主要类别名称
英　国	挥发分，格金焦型	无烟煤，低挥发分煤，中挥发分煤，高挥发分煤
德　国	挥发分，坩埚焦特征	无烟煤，贫煤，瘦煤，肥煤，气煤，气焰煤，长焰煤
法　国	挥发分，坩埚膨胀序数	无烟煤，贫煤，1/4 肥煤，1/2 肥煤，短焰肥煤，肥煤，肥焰煤，干焰煤
波　兰	挥发分，罗加指数，胶质层指数，发热量	无烟煤，无烟质煤，贫煤，半焦煤，副焦煤，正焦煤，气焦煤，气煤，长焰气煤，长焰煤
苏联（顿巴斯）	挥发分，胶质层指数，	无烟煤，贫煤，黏结瘦煤，焦煤，肥煤，气肥煤，气煤，长焰煤
美　国	固定碳，挥发分，发热量	无烟煤，烟煤，次烟煤，褐煤
日本（煤田探查审议会）	发热量，燃料比	无烟煤，沥青煤，亚沥青煤，褐煤

6.1.2.1　表征煤化程度的参数

用于表征煤化程度的参数有很多，主要参数有以下几种：

（1）干燥无灰基挥发分：符号为 V_{daf}，%（质量分数），其测定方法参见 GB/T 212—2008；

（2）干燥无灰基氢含量：符号为 $w_{daf}(H)$，%（质量分数），其测定方法参见 GB/T 476—2008；

（3）恒湿无灰基高位发热量：符号为 $Q_{gr,maf}$，MJ/kg，其测定方法可参见 GB/T 213—2008；

（4）低煤阶煤透光率：符号为 P_M，%（百分数），其测定方法参见 GB/T 2566—1995。

以上参数主要用来表征煤化程度。现在各国大多使用干燥无灰基挥发分、干燥无灰基氢含量和恒湿无灰基高位发热量来表示煤化程度。这是因为干燥无灰基挥发分随煤化程度的变化呈规律性变化，能够较好地反映煤化程度的高低，而且挥发分测定方法简单，标准化程度高。发热量的大小取决于煤中碳、氢含量，且与煤化程度密切相关，低煤化程度的煤的发热量变化较大，煤的发热量也是评价煤质的重要指标，故常作煤炭分类的一个重要指标。中国使用透光率 P_M（%）作为划分褐煤与烟煤的主要指标，并以恒湿无灰基高位发热量为辅助指标。无烟煤亚类的划分采用干燥无灰基挥发分和干燥无灰基氢含量两者作为指标，如果两种结果有矛盾，再以按干燥无灰基氢含量划分的结果为准。也有人提出用镜质组反射率作为反映煤化程度指标的。

6.1.2.2　表征煤工艺性能的参数

用于表征煤工艺性能的参数有很多，主要参数有以下几种：

（1）烟煤的黏结指数。符号为 $G_{R.I.}$（简记 G），其测定方法参见 GB/T 5447—1997；

（2）烟煤的胶质层最大厚度。符号为 Y，mm，其测定方法参见 GB/T 479—2000；

（3）烟煤的奥阿膨胀度。符号为 b，%（百分数），其测定方法参见 GB/T 5450—1997。

煤加热过程中表现出来的重要工艺性能（黏结性和结焦性）是煤炭分类的重要指标，但可以反映煤黏结性和结焦性的指标还有很多，如罗加指数、坩埚膨胀序数、格金焦型等。各国根据本国煤炭的实际情况在指标的选择上有所不同，目前中国使用黏结指数 $G_{R.I.}$ 为主要指标，并以胶质层最大厚度 Y 或奥阿膨胀度 b 为辅助指标来表征煤工艺性能的参数，对弱黏结煤、中等黏结性煤使用黏结指数来区分，对于强黏结煤（$G_{R.I.} > 65$）使用胶质层最大厚度和奥阿膨胀度加以区分。

6.2　中国煤炭分类

6.2.1　中国煤炭分类方案简介

自新中国成立以来，一共颁布过三套煤炭工业分类方案，第一套煤炭工业分类方案是 1956 年 12 月由中科院、煤炭部以及冶金部等单位共同研究制定，并于 1958 年 4 月经国家技术委员会正式颁布试行。这个分类方案以炼焦用煤为主，使用干燥无灰基挥发分 V_{daf} 和胶质层最大厚度 Y 作为分类指标，将煤分成 10 大类、24 小类。为工业部门合理使用煤炭资源创造了有利条件，但在实践中也出现了一些问题。

第二套煤炭工业分类方案是 1973 年中国国家标准局下达了研究新的煤炭分类国家标准的任务。1974 年开始，以煤炭部、冶金部牵头组织煤田、地质、焦化厂、科研院所、大专院校共 40 多家单位共同研究，历时 10 多年的实验、研究、统计、讨论，1985 年通过了《中国煤炭分类》国家标准（GB 5751—1986），1986 年 1 月由国家标准局予以公布，并于 1986 年 10 月 1 日起试行 3 年，1989 年 10 月 1 日正式实施。此分类方案是从褐煤到无烟煤的全面分类，将自然界中的煤划分为 14 大类，其中，褐煤和无烟煤又分别划分为 2 个和 3 个小类。这个分类方案在 20 多年的使用过程中，对于指导中国国民经济各部门正确合理地使用煤炭资源，煤田地质勘探工作中正确划分煤炭类别（牌号），合理地计算煤炭储量都起到了重要作用。而后由中国煤炭工业协会提出修改，中国国家标准化管理委员会归口，并由煤炭科学研究总院北京煤化工研究分院，中钢集团鞍山热能研究院有限公司，煤炭科学研究总院西安研究院共同起草，2009 年 6 月 1 日由中华人民共和国国家质量监督检验检疫总局和中国国家标准化管理委员会发布，GB/T 5751—2009《中国煤炭分类》替代 GB/T 5751—1986 于 2010 年 1 月 1 日正式实施，规定了基于应用的中国煤炭分类体系，适用于中华人民共和国境内勘查、生产、加工利用和销售的煤炭。

6.2.1.1　GB/T 5751—2009 分类总则

A　中国煤炭分类体系的适用范围

中国煤炭分类体系是一种应用型的技术分类体系，可以用于：说明煤炭的类别；指导煤炭的利用；根据一些重要的煤质指标进行不同煤的煤质比较；指导选取适宜的煤炭分析测试方法等。

B　煤炭分类用煤样的要求

（1）用于判定煤炭类别的煤样可以是勘查煤样、煤层煤样、生产煤样或商品煤样。

（2）判定煤炭类别时要求所选煤样为单种煤（单一煤层煤样或相同煤化程度煤组成的煤样），对不同煤化程度的混合煤或配煤不应作煤炭类别的判定（注：对单种煤的判别可参照 GB/T 15591—1995，商品煤反射率分布图标准偏差不超过 0.1% 且无凹口时，为单一煤层煤。煤的镜质体反射率显微镜测定方法参见 GB/T 6948—1998）。

（3）分类用煤样的采取：勘查煤样的采取应按《煤炭资源勘探煤样采取规程》的规定执行；煤层煤样的采取应按 GB/T 482—2008 的规定执行；生产煤样的采取应按 MT/T 998—2006 的规定执行；商品煤样的采取应按 GB 475—2008 和 GB/T 19494.1—2004 的规定执行。

（4）分类用煤样的制备。分类用煤样的制备按 GB 474—2008 和 GB/T 19494.2—2004 的规定执行。

（5）分类用煤样的干燥基灰分产率应小于或等于 10%。对于干燥基灰分产率大于 10% 的煤样，在测试分类参数前应采用重液方法进行减灰后再分类，所用重液的密度宜使煤样得到最高的回收率，并使减灰后煤样的灰分在 5% ~ 10% 之间，减灰的方法可按 GB 474—2008 中进行；对易泥化的低煤化程度褐煤，可采用灰分尽可能低的原煤。

6.2.1.2　煤炭工业分类方案

新的煤炭工业分类方案包括五个表和一个图。五个表分别为：无烟煤、烟煤及褐煤分类表、无烟煤亚类的划分表、烟煤的分类表、褐煤亚类的划分表和中国煤炭分类简表，如表 6-2 ~ 表 6-6 所示。表中煤类的代表符号用煤炭名称前两个汉字的汉语拼音首字母组成。如焦煤的汉语拼音为 Jiao Mei，则代表符号为 "JM"；不黏煤的汉语拼音为 Bu Nian Mei，则代表符号为 "BN"。图 6-1 为中国煤炭分类图。

表 6-2　无烟煤、烟煤及褐煤分类表

类　别	代　号	编　码	分 类 指 标	
			$V_{daf}/\%$	$w_{daf}(H)/\%$
无烟煤一号	WY1	01	≤3.5	≤2.0
无烟煤二号	WY2	02	>3.5 ~ 6.5	>2.0 ~ 3.0
无烟煤三号	WY3	03	>6.5 ~ 10.0	>3.0

注：在已确定无烟煤亚类的生产矿、厂的日常工作中，可以只按 V_{daf} 分类；在地质勘察工作中，为新区确定亚类或生产矿、厂和其他单位需要重新核定亚类时，应同时测定 V_{daf} 和 $w_{daf}(H)$ 按上表划分亚类。如两种结果有矛盾，以按 $w_{daf}(H)$ 划分亚类的结果为准。

表 6-3　无烟煤亚类的划分

类　别	代　号	编　码	分 类 指 标	
			$V_{daf}/\%$	$P_M/\%$
无烟煤	WY	01, 02, 03	≤10.0	—
烟　煤	YM	11, 12, 13, 14, 15, 16	>10.0 ~ 20.0	—
		21, 22, 23, 24, 25, 26	>20.0 ~ 28.0	
		31, 32, 33, 34, 35, 36	>28.0 ~ 37.0	
		41, 42, 43, 44, 45, 46	>37.0	
褐　煤	HM	51, 52	>37.0①	≤50②

①凡 V_{daf} >37.0%，$G_{R.L}$ ≤5，再用透光率 P_M 来区分烟煤和褐煤（在地质勘察中，V_{daf} >37.0%，在不压饼的条件下测定的焦渣特征为 1 ~ 2 号的煤，再用 P_M 来区分烟煤和褐煤）。

②凡 V_{daf} >37.0%，P_M >5 者为烟煤；30% < P_M ≤50% 的煤，如恒湿无灰基高位发热量 $Q_{gr,maf}$ >24MJ/kg，划分为长焰煤，否则为褐煤。恒湿无灰基高位发热量 $Q_{gr,maf}$ 的计算方法见式（6-1）：

$$Q_{gr,maf} = Q_{gr,ad} \times \frac{100(100 - MHC)}{100(100 - M_{ad}) - A_{ad}(100 - MHC)}$$　　　　（6-1）

式中　$Q_{gr,maf}$——煤样的恒湿无灰基高位发热量，J/g；

$Q_{gr,ad}$——一般分析试验煤样的恒容高位发热量，J/g，其测试方法参见 GB/T 213—2008；

M_{ad}——一般分析试验煤样水分的质量分数，%，其测试方法参见 GB/T 212—2008；

MHC——煤样最高内在水分的质量分数，%，其测试方法参见 GB/T 4632—2008。

表 6-4 烟煤的分类

类 别	代 号	编 码	分类指标			
			$V_{daf}/\%$	G	Y/mm	$b/\%$[②]
贫 煤	PM	11	>10.0~20.0	≤5		
贫瘦煤	PS	12	>10.0~20.0	>5~20		
瘦 煤	SM	13	>10.0~20.0	>20~50		
		14	>10.0~20.0	>50~65		
焦 煤	JM	15	>10.0~20.0	>65[①]	≤25.0	≤150
		24	>20.0~28.0	>50~65		
		25	>20.0~28.0	>65[①]	≤25.0	≤150
肥 煤	FM	16	>10.0~20.0	(>85)[①]	>25.0	>150
		26	>20.0~28.0	(>85)[①]	>25.0	>150
		36	>28.0~37.0	(>85)[①]	>25.0	>220
1/3焦煤	1/3JM	35	>28.0~37.0	>65[①]	≤25.0	≤220
气肥煤	QF	46	>37.0	(>85)[①]	>25.0	>220
气 煤	QM	34	>28.0~37.0	>50~65		
		43	>37.0	>35~50	≤25.0	≤220
		44	>37.0	>50~65		
		45	>37.0	>65[①]		
1/2 中黏煤	1/2ZN	23	>20.0~28.0	>30~50		
		33	>28.0~37.0	>30~50		
弱黏煤	RN	22	>20.0~28.0	>5~30		
		32	>28.0~37.0	>5~30		
不黏煤	BN	21	>20.0~28.0	≤5		
		31	>28.0~37.0	≤5		
长焰煤	CY	41	>37.0	≤5		
		42	>37.0	>5~35		

①当烟煤黏结指数测值 G≤85 时，用干燥无灰基挥发分 V_{daf} 和黏结指数 G 来划分煤类。当黏结指数测值 G>85 时，则用干燥无灰基挥发分 V_{daf} 和胶质层最大厚度 Y，或用干燥无灰基挥发分 V_{daf} 和奥阿膨胀度 b 来划分煤类。在 G>85 的情况下，当 Y>25.00mm 时，根据 V_{daf} 的大小可划分为肥煤或气肥煤；当 Y≤25.00mm，则根据 V_{daf} 的大小可划分为焦煤、1/3 焦煤或气煤。

②当 G>85 时，用 Y 和 b 并列作为分类指标，当 V_{daf}≤28.0% 时，b>150% 的为肥煤；当 V_{daf}>28.0% 时，b>220% 的为肥煤或气肥煤。如按 b 值和 Y 值划分的类别有矛盾时，以 Y 值划分的类别为准。

表 6-5 褐煤亚类的划分

类 别	代 号	编 码	分类指标	
			$P_M/\%$	$Q_{gr,maf}/MJ \cdot kg^{-1}$[①]
褐煤一号	HM1	51	≤30	—
褐煤二号	HM2	52	>30~50	≤24

①凡 V_{daf}>37.0%，P_M>30%~50% 的煤，如恒湿无灰基高位发热量 $Q_{gr,maf}$>24MJ/kg，则划分为长焰煤。

表 6-6　中国煤炭分类简表

类　别	代　号	编　码	分　类　指　标					
			$V_{daf}/\%$	G	Y/mm	$b/\%$	$P_M^{②}/\%$	$Q_{gr,maf}^{③}$ /MJ·kg^{-1}
无烟煤	WY	01，02，03	≤10.0					
贫　煤	PM	11	>10.0~20.0	≤5				
贫瘦煤	PS	12	>10.0~20.0	>5~20				
瘦　煤	SM	13，14	>10.0~20.0	>20~65				
焦　煤	JM	24	>20.0~28.0	>50~65				
		15，25	>10.0~28.0	>65①	≤25.0	≤150		
肥　煤	FM	16，26，36	>10.0~37.0	（>85①）	>25.0①			
1/3 焦煤	1/3JM	35	>28.0~37.0	>65①	≤25.0	≤220		
气肥煤	QF	46	>37.0	（>85①）	>25.0	>220		
气　煤	QM	34	>28.0~37.0	>50~65				
		43，44，45	>37.0	>35	≤25.0	≤220		
1/2 中黏煤	1/2ZN	23，33	>20.0~37.0	>30~50				
弱黏煤	RN	22，32	>20.0~37.0	>5~30				
不黏煤	BN	21，31	>20.0~37.0	≤5				
长焰煤	CY	41，42	>37.0	≤35			>50	
褐　煤	HM	51	>37.0				≤30	≤24
		52	>37.0				>30~50	

① 在 $G>85$ 的情况下，用 Y 值和 b 值来区分肥煤、气肥煤与其他煤类。当 $Y>25.00mm$ 时，根据 V_{daf} 的大小可划分为肥煤或气肥煤；当 $Y≤25.00mm$ 时，则根据 V_{daf} 的大小可划分为焦煤、1/3 焦煤或气煤。按 b 值划分类别时，当 $V_{daf}≤28.0\%$ 时，$b>150\%$ 的为肥煤；当 $V_{daf}>28.0\%$ 时，$b>220\%$ 的为肥煤或气肥煤。如按 b 值和 Y 值划分的类别有矛盾时，以 Y 值划分的类别为准。

② $V_{daf}>37.0\%$，$G≤5$ 的煤，再以透光率 P_M 来区分其长焰煤或褐煤。

③ $V_{daf}>37.0\%$，$P_M>30\%~50\%$ 的煤，再测 $Q_{gr,maf}$，如其值大于 24MJ/kg，应划分为长焰煤，否则为褐煤。

A　煤类划分及代号

在本分类体系中，先根据干燥无灰基挥发分等指标，将煤炭分为无烟煤、烟煤和褐煤；再根据干燥无灰基挥发分及黏结指数等指标，将烟煤划分为贫煤、贫瘦煤、瘦煤、焦煤、肥煤、1/3 焦煤、气肥煤、气煤、1/2 中黏煤、弱黏煤、不黏煤及长焰煤。各类煤的名称可用下列汉语拼音字母为代号表示：

WY—无烟煤；YM—烟煤；HM—褐煤。

PM—贫煤；PS—贫瘦煤；SM—瘦煤；JM—焦煤；FM—肥煤；1/3JM—1/3 焦煤；QF—气肥煤；QM—气煤；1/2ZN—1/2 中黏煤；RN—弱黏煤；BN—不黏煤；CY—长焰煤。

B　编码

各类煤用两位阿拉伯数码表示。十位数系按煤的挥发分分组，无烟煤为 0（$V_{daf}≤10.0\%$），烟煤为 1~4（即 $V_{daf}>10.0\%~20.0\%$，$V_{daf}>20.0\%~28.0\%$，$V_{daf}>28.0\%~$

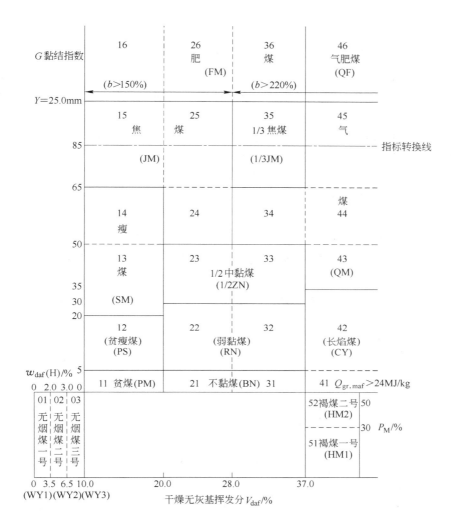

图 6-1 中国煤炭分类图

37.0% 和 $V_{daf} > 37.0\%$），褐煤为 5（$V_{daf} > 37.0\%$）。个位数，无烟煤类为 1～3，表示煤化程度，且数字越大煤化程度越低；烟煤类为 1～6，表示黏结性，数字越大黏结性越强；褐煤类为 1～2，表示煤化程度，数字越大煤化程度越高。

C　中国煤炭分类体系表

新的煤炭工业分类方案将煤共分成 14 大类、17 小类。14 大类包括：烟煤的 12 大类、无烟煤和褐煤。17 小类是：烟煤的 12 个煤类、无烟煤的 3 个小类和褐煤的 2 小类。

在图 6-1 中，$G = 85$ 为指标转换线，当 $G > 85$ 时，用 Y 值和 b 值并列作为分类指标，以划分肥煤或气肥煤与其他煤类的指标，$Y > 25.00\text{mm}$ 者，划分为肥煤或气肥煤；当 $V_{daf} \leqslant 28.0\%$ 时，$b > 150\%$ 的为肥煤；当 $V_{daf} > 28.0\%$ 时，$b > 220\%$ 的为肥煤或气肥煤。如按 b 值和 Y 值划分的类别有矛盾时，以 Y 值划分的类别为准；无烟煤划分亚类按 V_{daf} 和 $w_{daf}(\text{H})$ 划分结果有矛盾时，以 $w_{daf}(\text{H})$ 划分的亚类为准；$V_{daf} > 37.0\%$，$P_M > 50\%$ 者为烟煤，$P_M \leqslant 30\%$ 者为褐煤；$P_M > 30\% \sim 50\%$ 时，$Q_{gr,maf}$ 如其值 $> 24\text{MJ/kg}$ 者为长焰煤，否则为褐煤。

6.2.2 中国煤炭分类标准使用举例

【例 6-1】 某煤样用密度 1.7kg/L 的氯化锌重液分选后，其浮煤挥发分 V_{daf} 为 4.53%，元素分析 $w_{daf}(H)$ 为 1.98%，试确定其煤质牌号。

解：根据 V_{daf} 为 4.53%，应划分为 02 号无烟煤，根据 $w_{daf}(H)$ 为 1.98%，应划分为 01 号无烟煤，两者矛盾，以氢含量划分为准，最终确定为 01 号无烟煤。

【例 6-2】 某烟煤用密度 1.4kg/L 的氯化锌重液分选后，其浮煤挥发分 V_{daf} 为 38.5%，黏结指数 G 为 95，b 值为 195%，Y 值为 28.0mm，确定煤的类别。

解：因为 $G>85$，应用 Y 和 b 作为辅助分类指标，根据 $Y>25$mm，V_{daf} 为 38.5% 应划分为 46 号气肥煤，根据 b 值 $\leqslant 220\%$，V_{daf} 为 38.5%，应划分为 45 号气煤，两者矛盾，以 Y 值为准，最终确定为 46 号气肥煤。

【例 6-3】 某年轻煤在密度 1.4kg/L 的重液中分选后，其浮煤挥发分 V_{daf} 为 49.52%，G 值为 0，目视比色透光率 P_M 为 47.5%，$Q_{gr,maf}$ 为 25.011MJ/kg，确定煤的类别。

解：根据 $V_{daf}>37\%$，$G_{R.I.}$ 值为 0，可初步确定该煤为长焰煤 41 号或褐煤，此时，可根据 P_M 确定，$P_M>50\%$ 一定是长焰煤，$P_M\leqslant 30\%$，一定是褐煤，而 $P_M>30\% \sim 50\%$ 时，可能是长焰煤，也可能是褐煤，该煤即是这种情况，这时，就应根据 $Q_{gr,maf}$ 进行划分，$Q_{gr,maf}\leqslant 24$MJ/kg 为褐煤，$Q_{gr,maf}>24$MJ/kg 为长焰煤，所以最后确定该煤为 41 号长焰煤。

6.2.3 中国煤炭编码系统

6.2.3.1 编码系统

为了便于煤炭生产、商贸和应用单位准确无误地交流煤炭质量信息，促进经济发展，并便于和新的国际煤炭分类接轨。从多方面因素考虑，煤科院北京煤化所经多年研究，于1997 年提出了新的中国煤炭分类编码系统（GB/T 16772—1997）。GB/T 16772—1997 与现行煤分类方案（GB 5751—2009）并行。

中国煤炭编码系统是一个采用了 8 个参数 12 位数码组成的编码系统，在确定煤阶参数时，既考虑了分类的科学性，又注重实际用煤的实用性，还兼顾到与国际标准接轨的需要。为此确定了 4 个煤阶参数：镜质组平均随机反射率 $\overline{R}_{ran}$；全水分 M_t（对低阶煤）；挥发分 V_{daf}、发热量 $Q_{gr,daf}$（对低阶煤为 $Q_{gr,maf}$）。四个工艺指标是：其中挥发分和发热量是既可作为煤阶参数又是重要的工艺参数；另两个工艺指标是黏结指数 $G_{R.I.}$（对中、高阶煤）和焦油产率 $T_{ar,daf}$（低阶煤）；两个环境因素是灰分 A_d 和全硫 $w_d(S)_t$。煤的镜质组反射率是表征煤化程度的重要指标，由于镜质组反射率不受煤岩显微组分的影响，是量度煤阶的较好参数。特别是在烟煤阶段 $V_{daf}\leqslant 30\%$ 时，R 是最理想的煤阶参数，国际上也采用 $\overline{R}_{ran}$ 来表示煤阶。煤的发热量是表征高挥发分煤的煤阶指标，也是评价动力煤及其销售计价的重要指标和依据。确定煤阶要依据煤的恒湿无灰基高位发热量 $Q_{gr,maf}$ 的数值，其计算如下式

$$Q_{gr,maf} = \frac{Q_{gr,ad} \times 100 - MHC}{100 - \left[M_{ad} + \dfrac{A_{ad}(100 - MHC)}{100} \right]} \tag{6-2}$$

式中，符号意义同前。

为了使煤炭生产、销售与用户根据各种煤炭利用工艺的技术要求，能明确无误地交流

煤炭质量信息，保证各煤阶煤分类编码系统能适用于不同成因、成煤时代以及既适用于单一煤层、又适用于多煤层混煤或洗煤，同时考虑了灰分与硫分对环境的不良影响和现实环境的要求，用下列参数进行编码以及各煤阶煤的编码规定顺序如下：

（1）镜质组平均随机反射率：$\overline{R}(\%)$，以两位数表示，分别作为第一位及第二位数码，表示 0.1% 范围的镜质组平均随机反射率下限值乘以 10 后取整；

（2）干燥无灰基高位发热量：$Q_{gr,daf}(MJ/kg)$，以两位数表示，分别作为第三位及第四位数码，表示 1MJ/kg 范围干燥无灰基高位发热量下限值，取整；对于低煤阶煤，采用恒湿无灰基高位发热量 $Q_{gr,maf}(MJ/kg)$，以两位数表示，表示 1MJ/kg 范围内下限值取整；

（3）干燥无灰基挥发分：$V_{daf}(\%)$，以两位数表示，分别作为第五位及第六位数码，表示干燥无灰分基挥发分以 1% 范围的下限值，取整；

（4）黏结指数：$G_{R.I.}$（简记 G），以两位数表示（对中高煤阶煤），分别作为第七位及第八位数码，用 $G_{R.I.}$ 值除 10 的下限值取整，如从 0 到小于 10，记作 00；10 以上到小于 20 记作 01；20 以上到小于 30，记作 02；90 以上到小于 100，记作 09；100 以上记作 10；

（5）对于低煤阶煤，第七位表示全水分 $M_t(\%)$，以一位数表示，从 0 到小于 20（质量分数）时，记作 1；20% 以上除以 10 的 M_t 的下限值，取整；第八位表示焦油产率 $T_{ar,daf}$（%），以一位数表示；当 $T_{ar,daf}$ 小于 10% 记作 1，大于 10% 到小于 15%，记作 2，大于 15% 到小于 20%，记作 3，即以 5% 为间隔，依此类推；

（6）干燥基灰分：$A_d(\%)$，以两位数表示，分别作为第九位及第十位数码，表示 1% 范围取整后干燥基灰分的下限值；

（7）干燥基全硫：$w_d(S)_t(\%)$，以两位数表示，分别作为第十一位及第十二位数码，表示 0.1% 范围干燥基全硫含量乘以 10 后下限值取整。

分类指标顺序按煤阶、工艺性质参数和环境因素指标编排。对于中高煤阶煤其顺序是 $RQVGAS_d$；对于低煤阶煤，其顺序按 $RQVMTAS_d$。表中各参数必须按规定顺序排列，如其中某参数没有测值，就在编码的相应位置注以"×"（一位）或"××"（两位）。中国煤炭分类编码系统总表如表 6-7 所示。

表 6-7 中国煤炭分类编码总表

镜质组反射率	编码 %	02 0.2~0.29	03 0.3~0.39	04 0.4~0.49	19 1.9~1.99		50 ≥5.0	
高位发热量 （中高煤阶煤）	编码 MJ/kg	21 <22	22 22~<23	23 23~<24	35 35~<36		39 ≥39	
高位发热量 （低煤阶煤）	编码 MJ/kg	11 11~<12	12 12~<13	13 13~<14	22 22~<23	23 23~<24		
挥发分	编码 %	01 1~2	02 2~3	03 3~<4	09 9~<10		49 49~<50	50 50~<51
黏结指数 （中高煤阶煤）	编码 G 值	00 0~9	01 10~19	02 20~29		09 90~99	10 ≥100	
全水分 （低煤阶煤）	编码 %	1 <20	2 20~30	3 30~<40	4 40~<50	5 50~<60	6 60~<70	
焦油产率 （低煤阶煤）	编码 %	1 <10	2 10~15	3 15~<20	4 20~<25	5 ≥25		
灰 分	编码 %	0 0<1	01 1~<2	02 2~<3		29 29~<30	30 30~<31	
硫 分	编码 %	00 0~<0.1	01 0.1~<0.2	02 0.2~<0.3		31 3.1~<3.2	32 3.2~<3.3	

6.2.3.2　编码举例

(1) 山东某地煤（低煤阶煤）	编码
$R_{ran} = 0.53\%$	05
$Q_{gr,maf} = 22.3 MJ/kg$	22
$V_{daf} = 47.51\%$	47
$M_t = 24.58\%$	2
$T_{ar,daf} = 11.80\%$	2
$A_d = 9.32\%$	09
$w_d(S)_t = 0.64\%$	06

该煤的编码为：05　22　47　2　2　09　06

(2) 河北某地焦煤（中煤阶煤）	编码
$R_{ran} = 1.24\%$	12
$Q_{gr,maf} = 36.0 MJ/kg$	36
$V_{daf} = 24.46\%$	24
$G_{R.I.} = 88$	08
$A_d = 14.49\%$	14
$w_d(S)_t = 0.59\%$	05

该煤的编码为：12　36　24　08　14　05

(3) 京西某矿无烟煤（高煤阶煤）	编码
$R_{ran} = 9.93\%$	50
$Q_{gr,maf} = 33.1 MJ/kg$	33
$V_{daf} = 3.47\%$	03
$G_{R.I.}$ 未测	× ×
$A_d = 5.55\%$	05
$w_d(S)_t = 0.25\%$	02

该煤的编码为：50　33　03　×　×　05　02

6.3　国际煤分类

6.3.1　硬煤的国际分类

为在国际间对煤炭分类方法有一个共同的认识，以利于科学技术交流和国际贸易的发展，需要各主要产煤和用煤国家共同研究提出一种煤炭分类方法。最初由联合国欧洲经济委员会煤炭委员会于 1949 年在日内瓦组成了一个国际煤炭分类工作组研究制订国际煤炭分类方案，1953 年通过了"硬煤国际分类表"（见硬煤国际分类表）提交煤炭委员会，在试用 2 年后，联合国欧洲经济委员会国际煤炭分类工作组于 1956 年正式颁布了"硬煤国际分类"方案，并制作了国际标准的煤炭分类表（见表 6-8）。因欧洲各国褐煤资源较多，欧洲经济委员会于 1957 年提出一个"褐煤国际分类方案"，于 1974 年经国际标准化组织（ISO）修改后向各国推荐使用。

表 6-8 硬煤国际分类表(于 1956 年 3 月日内瓦国际煤类分类会议中修订)

第一个数字表示根据挥发分(煤中挥发分 <30%)或发热量(煤中挥发分 >30%)确定煤的类别;
第二个数字表示根据煤的黏结性确定煤的组别;
第三个数字表示根据煤的炼焦性确定煤的亚组别

组别(根据黏结性确定的)/ 类型代号 / 亚组别(根据炼焦性确定的)

组别号数	确定组别的指数(任选一种) 坩埚膨胀序数	罗加指数	亚组别号数	确定亚组别的指数(任选一种) 膨胀性实验	格金实验	类别号数→ 0	1 (A 3~6.5 / B 6.5~10)	2	3	4	5	6	7	8	9
3	$4\frac{1}{2}\sim 9$	>45	5	>40	>G_6					435	535	635			
			4	50~110	$G_5\sim G_6$				334	434	534	634			
			3	0~50	$G_1\sim G_4$				333	433	533	633	733		
			2	≤0	E~G				332a 332b	432	532	632	732	832	
2	$2\frac{1}{2}\sim 4$	20~45	3	0~50	$G_1\sim G_4$					423	523	623	723	823	
			2	≤0	E~G				322	422	522	622	722	822	
			1	仅收缩	B~D				321	421	521	621	721	821	
1	1~2	5~20	2	仅收缩	E~G			212	312	412	512	612	712	812	
			1	仅收缩	B~D			211	311	411	511	611	711	811	
0	$0\sim\frac{1}{2}$	0~5	0	无黏结性	A	0	100	200	300	400	500	600	700	800	900

确定类别的指数

类别号数	0	1 (A / B)	2	3	4	5	6	7	8	9
挥发分(干燥无灰基)V_{daf}/%	0~3	3~10(3~6.5 / 6.5~10)	10~14	14~20(14~16 / 16~20)	20~28	28~33	>33	>33	>33	>33
发热量(30℃,湿度 96%)(恒湿无灰基)/kJ·kg⁻¹	—	—	—	—	—	—	>32.40	>30.10 ~32.40	>25.50 ~30.10	>23.84 ~25.50

各类煤挥发分大致范围/%
类别 6:>33~41
7:>33~41
8:35~50
9:42~50

以挥发分指数(煤中挥发分 <33%)或发热量(煤中挥发分 >30%)确定煤的类别

本表引自朱银惠主编《煤化学》,化学工业出版社,2008。

注:
1. 如果煤中灰分过高,为了使分类更好,在实验前应用比重液方法(或用其他方法)进行脱灰,比重液的选择应能够得到最高的回收率和使煤中灰分含量达到 5% ~ 10%;
2. 332a:V_{daf} >14% ~16%;332b:V_{daf} >16% ~20%。

硬煤是指恒湿无灰基高位发热量大于 24MJ/kg 的烟煤和无烟煤的统称。硬煤国际分类方案使用的指标及表示种类为：用一个三位阿拉伯数字来表示煤的种类，挥发分和发热量（用它们表征煤化程度）为第一指标，作为百位上的数字，将煤分为 10 个类别（$V_{daf} >$ 33.0% 后，用 $Q_{gr,maf}$ 划分），并分别以 0~9 共 10 个数字表示这 10 个类别，数字越大，煤化程度越低；坩埚膨胀序数或罗加指数（用它们表征煤的黏结性）为第二指标，作为十位上的数字，将煤分为 4 个组，并分别以 0~3 共 4 个数字表示，数字越大，煤的黏结性越好；奥阿膨胀性实验或格金实验（用它们表征煤的结焦性）为第三指标，作为个位上的数字，将煤分成 6 个亚组，并分别以 0~5 共 6 个数字表示，数字越大结焦性越好。

在国际硬煤分类中共将煤分为 62 个类别，其中烟煤 59 类，无烟煤 3 类。为了便于统计和使用，又把煤质特征相近的煤种进行了合并，共形成 11 个统计组，分别用罗马数字 Ⅰ 至 Ⅶ 来表示，其中 Ⅴ 组又分为 V_A、V_B、V_C 和 V_D；Ⅵ组分和 $Ⅵ_A$ 和 $Ⅵ_B$，见表 6-9。

表 6-9 硬煤国际分类统计组别

统计组别	大致相当于中国煤分类的大类别	统计组内包含的煤种
Ⅰ	无烟煤	000、100A、100B
Ⅱ	贫煤	200
Ⅲ	贫煤、不黏煤	211、300、311、400、411
Ⅳ	瘦煤、焦煤	212、312、321、322、323、332a、412、421、422、423
V_A	焦煤、瘦煤	332b、333、334
V_B	焦煤、肥煤	432、433、434、435
V_C	肥煤	534、535、634、635
V_D	气煤	532、533、632、633、732、733、832
$Ⅵ_A$	气煤	522、523、622、623、722、723、822、823
$Ⅵ_B$	弱黏煤、气煤	512、521、612、621、712、721、812、821
Ⅶ	长焰煤、不黏煤	500、511、600、611、700、711、800、811、900

6.3.2　褐煤的国际分类

1974 年国际标准化组织制定了褐煤的国际分类方案（ISO 2950—1974），该分类方案根据以铝甑法焦油产率和新采煤样无灰基总水分为分类指标，将褐煤分为 6 类 5 组 30 个牌号，各个牌号均以两位阿拉伯数字表示进行编码，见表 6-10。

表 6-10 国际褐煤分类表

组　别	Tar_{daf}/%	分　类　标　号					
4	>25	14	24	34	44	54	64
3	>20~25	13	23	33	43	53	63
2	>15~20	12	22	32	42	52	62
1	>10~15	11	21	31	41	51	61
0	≤10	10	20	30	40	50	60
类　别		1	2	3	4	5	6
$M_{t,af}$/%（原煤）		≤20	>20~30	>30~40	>40~50	>50~60	>60~70

注：1. 焦油率采用铝甑法测定；

　　2. 全水分指新采出煤的无灰分含量。

6.4 单种煤的特性、用途及主要产地

我国煤炭资源储量多，分布广，煤质较好，品种较全，从褐煤到无烟煤各个煤化阶段的煤都有赋存，能为各工业部门提供冶金、化工、气化、动力等各种用途的煤源。通常将煤的基本用途划分为非炼焦用煤和炼焦用煤两大部分，其中非炼焦用煤储量很丰富。特别是其中的低变质烟煤（长焰煤、不黏煤、弱黏煤及其未分类煤）所占比重较大，而我国炼焦用煤（气煤、肥煤、焦煤和瘦煤）的储量远不如非炼焦用煤储量，并且比重不大，品种也不均衡。虽然我国煤类齐全，但真正具有潜力的是低变质烟煤，而优质无烟煤和优质炼焦用煤都不多，属于稀缺煤种，应当引起高度重视，采取有效措施，切实加强保护和合理开发利用。

在新的煤炭分类方案中阐述了各种煤的若干特征，因此，了解单种煤的物理性质、化学性质、工艺性质对煤的综合利用起到了至关重要的作用。

6.4.1 无烟煤（WY）

煤炭分类中煤化程度最高的煤，其特点是挥发分低，固定碳含量高，密度大，燃点高，很难着火，燃烧时不冒烟，不易燃尽。热解时，不产生胶质体，无黏结性和结焦性。

无烟煤通常作民用和动力燃料，质量好的无烟煤可作气化原料、高炉喷吹和烧结铁矿石的燃料以及作为铸造燃料等；用优质无烟煤还可以制造碳化硅、碳粒砂、人造刚玉、人造石墨、电极、电石和炭素材料。某些无烟煤制成的航空用型煤还可用做飞机发动机和车辆发动机的保温材料。北京、晋城和阳泉分别产 01 号（年老）、02 号（典型）和 03 号（年轻）无烟煤。用无烟煤配合炼焦时，需经过细粉碎。一般不提倡将无烟煤作为炼焦配料使用。

6.4.2 烟煤（YM）

（1）贫煤（PM）是煤化程度最高的烟煤，属高变质程度的煤，不黏结或弱黏结，不能单独炼焦。燃烧时火焰短，耐烧，燃点高。主要用做电厂燃料、民用和工业锅炉的燃料，低灰低硫的贫煤也可用做高炉喷吹的燃料。中国潞安矿区产典型贫煤。

（2）贫瘦煤（PS）是炼焦煤中变质程度最高的一种，挥发分较低，黏结性比典型瘦煤差，单独炼焦时，生成的粉焦多，配煤炼焦时配入一定比例能起到瘦化作用，利于提高焦炭的块度。这种煤也可用于发电、机车、民用及锅炉燃料。山西西山矿区产典型贫瘦煤。

（3）瘦煤（SM）是煤化程度较高的煤，低挥发分中等黏结性的炼焦煤，但熔融性差，耐磨强度较差。单独炼焦时能得到焦块大、裂纹少、抗碎强度较好的焦炭。发热量也很高，不仅是重要的炼焦配煤，而且是非常好的动力用煤。高硫、高灰的瘦煤一般只用做电厂及锅炉燃料。峰峰矿区产典型的瘦煤。

（4）焦煤（JM）是结焦性较强的炼焦煤，加热时能产生数量较多的胶质体，热稳定性更高，黏性大。单独炼焦时能得到焦块大、裂纹少，不仅耐磨强度高，而且抗碎强度也好的焦炭，但是单独炼焦时膨胀压力大，有时推焦困难，一般用做配煤炼焦较好，是能炼制出高质量焦炭的最好的煤。所得产品焦炭除供给冶炼外，还可造气和电石。焦油和焦炉

气可作为燃料。我国的峰峰五矿、淮北后石台矿及古交矿生产典型的焦煤。

（5）肥煤（FM）是煤化程度比气煤高的黏结性最强的炼焦煤种之一，属中等变质程度的煤。单独炼焦时能生成熔融性好、强度高的焦炭，耐磨强度优于相同挥发分焦煤炼出的焦炭，但是单独炼焦时焦炭多以横裂纹为主，焦根部位常有蜂焦。加入肥煤后，可起到提高黏结性的作用，是配煤炼焦的重要组分，并为配入黏结性差的煤创造了条件。中国河北开滦、山东枣庄是生产肥煤的主要矿区。

（6）1/3 焦煤（1/3JM）是中等煤化程度的强黏结性炼焦煤，其性质介于气煤、肥煤与焦煤之间，属于过渡煤类。单独炼焦时能生成熔融性良好，强度较高的焦炭。它既能单独炼焦，同时也是良好的配煤炼焦的基础煤。炼焦时，这种煤的配入量在较宽范围内波动，都能获得高强度的焦炭。安徽淮南、四川永荣、山西等矿区产 1/3 焦煤。

（7）气肥煤（QF）是挥发分产率很高的强黏结性炼焦煤，加热时能产生厚度很高的胶质层，结焦性介于肥煤和气煤之间，单独炼焦时能产生大量的气体和液体化学产品。气肥煤最适宜高温干馏制煤气，用于配煤炼焦可增加化学产品的回收率，同时也是良好的配煤炼焦的基础煤。中国江西乐平和浙江长广为典型气肥煤矿区。

（8）气煤（QM）是煤化程度较长焰煤高的炼焦煤，结焦性较好，热解过程中生成较多的胶质体，但流动性差，黏度小，热稳定性差，容易分解，主要用于配焦，在配煤炼焦时，为了合理利用炼焦煤资源，多配入气煤可增加煤气和化学产品的回收率，也可增加焦炭的收缩性，便于推焦，保护炉体。中国抚顺老虎台、山西平朔产典型气煤。

（9）1/2 中黏煤（1/2ZN）是中等黏结性、中高挥发分的烟煤。一部分煤在单独炼焦时能结成一定强度的焦炭，可用于配煤炼焦；另一部分黏结性较弱，单独炼焦时焦炭强度差，粉焦率高。主要作为气化或动力用煤，也可在炼焦时适量配入。目前中国未发现单独生产 1/2 中黏煤的矿井。

（10）弱黏煤（RN）是黏结性较弱的从低煤化程度到中等煤化程度的非炼焦用烟煤。干馏时产生的胶质体较少，炼焦时生成强度很差的小块焦，甚至成为碎屑焦，粉焦率高。可在炼焦中适当配入代替气、焦和瘦煤。多适于作为气化原料和电厂、机车及锅炉的燃料煤。山西大同马武矿区的弱黏煤是较好的炼焦配煤。

（11）不黏煤（BN）是低煤化到中等煤化程度的非炼焦用烟煤。干馏时基本不产生胶质体。煤中水分含量高，发热量较低，有的含一定量再生腐殖酸，煤中氧含量多在 10% ～15% 左右。主要用做发电和气化用煤，也可做动力用煤及民用燃料。中国东胜、神府矿区和靖远、哈密矿产是典型的不黏煤。

（12）长焰煤（CY）是烟煤煤化程度最低的煤，变质程度比褐煤高，有的还含有一定量的腐殖酸。其含氧量高，燃点低，易风化碎裂。从无黏结性到弱黏结性的都有，有的长焰煤加热时能产生一定量的胶质体，但焦炭强度甚低，粉焦率高。长焰煤一般不用于炼焦，主要用于气化、发电和机车等燃料用煤。辽宁省阜新、铁法及内蒙古准格尔矿区是长焰煤基地。

6.4.3　褐煤（HM）

褐煤分为两小类，即透光率 $P_M > 30\%$ ～50% 的年老褐煤和 $P_M \leqslant 30\%$ 的年轻褐煤。其特点是：水分大、孔隙大、密度小、挥发分高、不黏结，含有不同数量的腐殖酸。煤中氢含量高达 15% ~30% ，化学反应性强，热稳定性差。块煤加热时破碎严重，存放在空气中容易风化，碎裂成小块甚至粉末。发热量低，煤灰熔点大都较低，煤灰中常有较多的氧化钙。因此，褐煤多作为发电燃料，也可作气化原料和锅炉燃料。有的褐煤可制造磺化煤或活性炭，有的可作为提取褐煤蜡的原料。另外，年轻褐煤也适用于制作腐殖酸铵等有机肥料，用于农田和果园。中国内蒙古霍林河及云南小龙潭矿区是典型褐煤产地。

习　题

A　选择题

1. 已知某煤 V_{daf} 为 27.00% ，G 为 64.00，其煤种数码应为（　　　）。

　　A. 24　　　　　　　　B. 35　　　　　　　　C. 46　　　　　　　　D. 34

2. 在我国炼焦煤储量中，气煤比例大于（　　　）%。

　　A. 40　　　　　　　　B. 50　　　　　　　　C. 60　　　　　　　　D. 70

3. 烟煤类别的划分采用两个参数，一个是表征煤化度的 V_{daf} ，另一个是（　　　）的参数。

　　A. 可选性　　　　　B. 黏结性　　　　　C. 灰分　　　　　　D. 水分

4. 下列煤化程度最低的烟煤是（　　　）。

　　A. 长焰煤　　　　　B. 气煤　　　　　　C. 肥煤　　　　　　D. 瘦煤

5. 下列（　　　）指标能够反映煤的黏结性。

　　A. 胶质层厚度　　　B. 吉氏流动度　　　C. 奥阿膨胀度　　　D. 罗加指数

B　简答题

1. 中国煤炭编码系统采用哪些参数？

2. 什么是硬煤，国际硬煤分类方案中使用了哪些指标？

3. 中国新的煤炭分类方案中使用了哪些参数作为分类指标，将煤如何分类？

4. 煤分类有何意义？

5. 某烟煤在密度 1.4kg/L 的氯化锌重液中分选出的浮煤 V_{daf} 为 27.5% ，黏结指数 G 为 86，胶质层厚度 Y 为 26.5mm，奥阿膨胀度 b 为 145% ，确定煤质牌号。

6. 简述无烟煤的煤质特征及利用途径。

7 煤的热解(干馏)与黏结成焦

学习目标

【1】 熟练掌握煤的热解过程和影响煤热解的因素;

【2】 理解热解过程中的化学反应;

【3】 能应用胶质体理论分析煤的热解过程;

【4】 了解炼焦煤种和配煤理论。

煤的热解是将煤在惰性气氛中(隔绝空气的条件下)持续加热至较高温度时发生的一系列物理变化和化学反应的复杂过程。煤的热解亦称为热分解或干馏,是煤转化的关键步骤,按其最终温度的不同煤的热解可以分为:高温干馏(950~1050℃)、中温干馏(700~800℃)和低温干馏(500~600℃)。煤气化、液化、焦化和燃烧都要经过或发生热解过程。黏结成焦是煤在一定条件下的热解结果,炼焦过程属于煤的高温干馏。

煤的热加工是当前煤炭加工的最主要的工艺,研究煤的热解过程和机理能正确地选择原料煤、解决加工工艺问题以及提高产品(焦炭、煤气、焦油等)的质量和数量;研究煤的热解、黏结成焦对研究煤的形成过程和分子结构等理论具有重要意义;充分了解煤的热解过程,有助于开辟新的煤炭加工方法,如煤的高温快速热解和加氢热解等。

7.1 煤的热解

7.1.1 煤的热解过程

热解时煤中有机物质随着温度的升高发生一系列变化,形成的物质主要有气态(干馏煤气)、液态(焦油)和固态(半焦或焦炭)三类。煤的热解过程大致可分为三个阶段,其中烟煤的热解比较典型,三个阶段的区分比较明显,如图 7-1 所示。

(1)第一阶段:室温至活泼分解温度 T_d(300~350℃)。这一阶段主要是煤的干燥脱吸阶段。在这一过程中,煤的外形基本上没有变化。在 120℃以前主要脱去煤中的游离水;120~200℃煤所吸附的 N_2、CO_2 和 CH_4 等气体逐渐析出;在 200~350℃温度范围内不同变质程度的煤开始分解的温度不同,分解产物主要是化合水、二氧化碳、一氧化碳、甲烷等气体及少量焦油蒸气。在 200℃以后,年轻的煤(例如褐煤)发生部分脱羧基反应,有热解水生成,并开始分解放出 CO、CO_2、H_2S 等气态产物;近 300℃时开始热分解反应,有微量焦油产生。烟煤和无烟煤在这一阶段原始分子结构仅发生有限的热解作用。

(2)第二阶段:活泼分解温度 T_d~550℃。这一阶段的特征是活泼分解。以分解和解聚反应为主,生成和排出大量煤气和焦油等挥发物。气体主要是 CH_4 及其同系物,还有

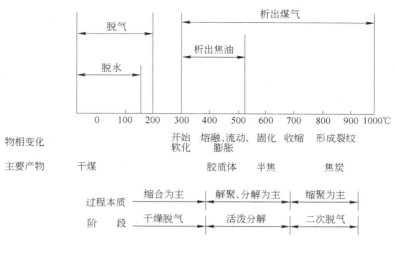

图 7-1 典型烟煤的热解过程

H_2、CO_2、CO 及不饱和烃等，为一次热解气体。焦油在约 450℃ 时析出的量最大，气体在 450~600℃ 时析出的量最大。烟煤（特别是中等煤化程度的烟煤）在这一阶段从软化开始，经熔融、流动和膨胀再到固化，出现了一系列特殊现象，在 350~450℃ 范围内形成气、液、固三相共存的塑性体即胶质体，胶质体的数量和性质决定了煤的黏结性和结焦性。随温度升高在 450~550℃ 范围内塑性体中的液态产物逐渐分解呈气态析出，一部分与塑性体中固态产物相互凝聚、固化，生成固体的半焦。固体产物半焦和原煤相比，部分物理指标差别不大，说明在生成半焦过程中缩聚反应还不是很明显。

（3）第三阶段：二次脱气阶段（550~1000℃）。在这一阶段，半焦变成焦炭，以缩聚反应为主。约在 550~650℃ 半焦进一步析出气体而收缩，同时生成裂纹。析出的气体以甲烷和氢气为主，析出的焦油量极少。一般在 700℃ 时缩聚反应最为明显和激烈，产生的气体主要是 H_2，仅有少量的 CH_4 和碳的氧化物，为热解二次气体。随着热解温度的进一步升高，约在 750~1000℃，半焦进一步分解收缩，出现的裂纹逐渐扩大、加深、延长。析出的气体主要是氢气，且数量愈来愈少，最终生成比半焦结构致密的焦炭。焦炭的块度和强度与收缩程度有关。如果将最终加热温度提高至 1500℃ 以上，即可生成石墨，用于生产炭素制品。

低煤化程度的煤其热解过程与烟煤大致相同，但热解过程中没有胶质体形成，仅发生分解产生焦油和气体，加热到最高温度得到的固体残留物是粉状的。高煤化程度的煤的热解过程更简单，在逐渐加热升温过程中，既不形成胶质体，也不产生焦油，仅有少量热解气体放出。因此无烟煤不宜用干馏的方法进行加工。

7.1.2 热解过程中的化学反应

煤的热解过程是一个非常复杂的反应过程，包括煤中有机物质的裂解，裂解产物中轻质部分的挥发，裂解残留物的缩聚，挥发产物在逸出过程中的分解及化合，缩聚产物的进一步分解，再缩聚等。总的讲包括裂解和缩聚两大类反应。从煤的分子结构看，可认为，热解过程是基本结构单元周围的侧链和官能团等对热不稳定成分不断裂解，形成低分子化合物并挥发出去。基本结构单元的缩合芳香核部分对热比较稳定，互相缩聚形成固体产品（半焦或焦炭）。

有机化合物对热的稳定性，决定于组成分子中各原子结合键的形成及键能的大小。化学键键能越大，越难断裂，热稳定性高；反之则越差。

煤的热解过程遵循烃类热稳定性的一般规律是：

（1）缩合芳烃 > 芳香烃 > 环烷烃 > 炔烃 > 烯烃 > 烷烃。

（2）芳环上侧链越长，侧链越不稳定；芳环数越多，侧链也越不稳定。

（3）缩合多环芳烃的环数越多，其热稳定性越大。

由于煤的分子结构极其复杂，矿物质又对热解过程有催化作用，到目前为止，对煤的热解化学反应尚未彻底弄清。但对煤的热解进程可以通过煤在不同阶段的元素组成，化学特征和物理性质的变化加以说明。煤热解的化学反应可分为以下三类。

7.1.2.1　煤热解中的裂解反应

根据煤的结构特点，其裂解反应大致有下面四小类：

（1）联系煤的结构单元的桥键断裂生成自由基，主要是：—CH_2—，—CH_2—CH_2—，—CH_2—O—，—O—，—S—，—S—S—等，它们是煤结构中最薄弱的环节，受热很容易裂解生成自由基"碎片"。经证明，自由基的浓度随加热温度升高，在400℃前缓慢增加，当温度超过分解温度后自由基即突然增加，在近500℃时达到最大值，550℃后急剧下降。

（2）煤中的脂肪侧链受热易裂解，生成气态烃，如 CH_4，C_2H_6，C_2H_4 等。

（3）煤中的含氧官能团裂解，含氧官能团的热稳定性顺序为：—OH > $\diagup$C$=$O >—COOH >—OCH_3。羟基不易脱除，到700~800℃以上，有大量氢存在时，可生成水。羰基可在400℃左右裂解，生成一氧化碳。羧基热稳定性低，在200℃即能分解，生成二氧化碳和水。另外，含氧杂环在500℃以上也可能断开，放出一氧化碳。

（4）煤中低分子化合物的裂解，其中以脂肪结构为主的低分子化合物受热后熔化同时不断裂解，生成较多的挥发性产物。

7.1.2.2　一次热解产物的二次热解反应

上述过程的热解产物通常称为一次分解产物，其挥发性成分在析出过程中受到更高温度的作用，就会产生二次热解反应，主要的二次热解反应有裂解、脱氢、加氢、芳构化、缩合等。

7.1.2.3　煤热解中的缩聚反应

煤热解的前期以裂解反应为主，后期则以缩聚反应为主。缩聚反应对煤的黏结、成焦和固态产品质量影响很大。

（1）胶质体固化过程的缩聚反应。主要是热解生成的自由基之间的结合，液相产物分子间的缩聚，液相与固相之间的缩聚和固相内部的缩聚等。这些反应基本在550~600℃前完成，结果生成半焦。

（2）从半焦到焦炭的缩聚反应。反应特点是芳香结构脱氢缩聚，芳香层面增大。

（3）半焦和焦炭的物理性质变化。在500~600℃之间煤的各项物理性质指标如密度、反射率、电导率、X射线衍射峰和芳香晶核尺寸等变化都不大。在700℃左右这些指标产生明显跳跃，以后随温度升高继续增加。

7.1.3　影响煤热解的因素

影响煤热解的因素很多。首先受原料煤性质的影响，包括煤化程度、煤岩组成等。其次，煤的热解还受许多外界条件的影响，如加热条件（升温速度、最终温度和压力等）、预处理、添加成分、装煤条件（散装、捣固等）和产品导出形式等。

7.1.3.1　原料煤性质

A　煤化程度

煤化程度对煤的热解影响很大，它直接影响煤的热解开始温度、热解产物的组成与产率、热解反应活性和黏结性、结焦性等。

随着煤化程度的提高，热解开始温度逐渐升高，如表7-1所示。可见，各种煤中褐煤的开始分解温度最低，无烟煤最高。

表7-1　煤中有机质开始分解的温度

种　类	泥　炭	褐　煤	烟　煤					无烟煤
			长焰煤	气　煤	肥　煤	焦　煤	瘦　煤	
温度/℃	<100	~160	~170	~210	~260	~300	~320	~380

不同煤化程度的煤在同一热解条件下，所得到的热解产物的产率是不相同的，见表7-2。年轻的煤（如褐煤）热解时煤气、焦油和热解水产率高，煤气中CO、CO_2和CH_4含量高，焦渣不黏结；中等煤化程度的烟煤热解时，煤气和焦油产率比较高，热解水较少，黏结性强，固体残留物可形成高强度的焦炭；年老煤（贫煤以上）热解时，焦油和热解水产率很低，煤气产率也较低，且无黏结性，焦粉产率高。因此，在各种煤化程度的煤中，中等煤化程度的煤具有较好的黏结性和结焦性。

表7-2　不同煤种干馏至500℃时产品的平均分布

煤　种	焦油/L·t^{-1}（干煤）	轻油/L·t^{-1}（干煤）	水/L·t^{-1}（干煤）	煤气/m³·t^{-1}（干煤）
烛　煤	308.7	21.4	15.5	56.5
次烟煤A	86.1	7.1	—	—
次烟煤B	64.7	5.5	117	70.5
高挥发分烟煤A	130.0	9.7	25.2	61.5
高挥发分烟煤B	127.0	9.2	46.6	65.5
高挥发分烟煤C	113.0	8.0	66.8	56.2
中挥发分烟煤	79.4	7.1	17.2	60.5
低挥发分烟煤	36.1	4.2	13.4	54.9

B　煤岩组成

不同煤岩组分具有不同的黏结性。对于炼焦用煤，一般认为镜质组和壳质组为活性组分，丝质组和矿物组为惰性组分。煤气产率以壳质组最高，惰性组最低，镜质组居中；焦油产率以壳质组最高，惰性组没有，镜质组居中；焦炭产率惰性组最高，镜质组居中，壳质组最低；通常在配煤炼焦中，为了得到气孔壁坚硬，裂纹少和强度大的焦炭，活性组分与惰性组分的配比必须恰当。

煤岩组分的性质在煤化过程中通常都发生变化。而煤岩组分本身就不是化学均一物质，甚至在同一煤阶也是如此。所以，在研究煤岩组分对煤的热解过程的影响时，必须考虑到煤阶和煤岩组成的影响相互重叠的可能性。

7.1.3.2　外界条件的影响

A　升温速度

煤热解与升温速度有关。随着对煤的加热速度的提高，气体开始析出和气体最大析出的温度均有所提高，见表7-3；煤的胶质体温度范围加宽，见表7-4；黏度减小、流动度增大及膨胀度显著提高，煤的黏结性有明显的改善，而影响焦炭强度产生裂纹的收缩度下降。这是因为煤的热解是吸热反应，当升温速度增加时，由于产物来不及挥发，部分结构来不及分解，需在更高的温度下挥发与分解，故胶质体温度范围向温度升高的方向移动并有所扩大。另外由于升温速度增加，在一定时间内液体产物生成速度显著高于挥发和分解的速度，所以膨胀度和胶质层厚度增加，收缩度降低。提高升温速度，热解初次产物发生二次热解较少，缩聚反应的深度不大，故可增加煤气与焦油的产率，提高产物中烯烃、苯和乙炔的含量。

表 7-3　加热速度对煤热分解温度的影响

煤的加热速度 /℃·min⁻¹	温度/℃		煤的加热速度 /℃·min⁻¹	温度/℃	
	气体开始析出	气体最大析出		气体开始析出	气体最大析出
5	255	435	40	347	503
10	300	458	60	355	515
20	310	486			

表 7-4　升温速度对气煤胶质体温度范围的影响

升温速度/K·min⁻¹	开始软化温度/℃	开始固化温度/℃	胶质体温度范围
3	348	424	76
5	344	450	106
7	378	474	96

B　加热终温

煤热解的终点温度不同，热解产品的组成和产率也不相同，见表7-5。可见随最终温度的升高，焦炭和焦油产率下降，煤气产率增加但发热量降低，焦油中芳烃与沥青增加，酚类和脂肪烃含量降低，煤气中氢气成分增加而烃类减少。

表 7-5　不同终温下干馏产品的分布与性状

产品分布与性状		最终温度/℃		
		600℃低温干馏	800℃中温干馏	1000℃高温干馏
固体产品		半　焦	中温焦	高温焦
产品产率/% 焦炭		80~82	75~77	70~72
焦油		9~10	6~7	3.5
煤气（标态）/m³·t⁻¹（干煤）		120	200	320
产品性状	焦炭着火点/℃	450	490	700
	机械强度	低	中	高
	挥发分/%	10	约5	<2
焦　油	密　度	<1	1	>1
	中性油/%	60	50.5	35~40
	酚类/%	25	15~20	1.5
	焦油盐基/%	1~2	1~2	约2
	沥青/%	12	30	57
	游离碳/%	1~3	约5	4~7
	中性油成分	脂肪烃、芳烃	脂肪烃、芳烃	芳　烃
煤气主要成分/%	氢　气	31	41	55
	甲　烷	55	38	25
煤气中回收的轻油			粗苯—汽油	粗　苯
	产率/%	1.0	1.0	1~1.5
	组　成	脂肪烃为主	芳烃50%	芳烃90%

C　压力

当在高于大气压力下进行热解时，煤的黏结性得到改善。这是因为裂解时产生的液体产物数量以及液体产物的停留时间随压力增加而增加，从而有利于对固相的润湿作用。

将煤样机械压紧可以得到与增大气体压力相同的效果。因此在炼焦过程中为了改善黏结组分和纤维质组分之间的接触，可采用捣固装煤法。采用捣固装煤法可提高热分解过程中的气体压力，增大了气体析出的阻力，同时缩小了煤粒间的空隙，改善了煤粒间的接触，因而减少了黏结所需的液体量，从而使煤的黏结性大为改善。

D　煤热解的氛围

煤在形成过程或贮存过程中受到氧化（约在30℃开始，50℃以上加速），会使煤的氧含量增加，黏结性降低甚至消失；煤在加氢气氛中裂解，仅需几秒钟就能生成较多的挥发产物；在炼焦过程中配入某些添加剂可以改善、降低或完全破坏煤的黏结性。因此煤热解的氛围影响煤的热解过程。

7.2　煤的黏结与成焦机理

7.2.1　黏结与成焦机理概述

对于煤黏结与成焦机理的研究从煤化学开创时期起，影响比较大的有溶剂抽提理论、物理黏结理论、塑性成焦机理、中间相成焦机理和传氢机理等，但仍有许多不够完善之处。比较完整并得到广泛承认的是塑性成焦机理，此理论认为炼焦煤高温干馏时经胶质体阶段而转变成焦炭。炼焦煤加热时，其有机质经过热分解和缩聚等一系列化学反应，通过胶质体阶段（也称塑性阶段），发生黏结和固化而形成半焦。半焦经进一步缩聚、产生收缩，形成裂纹，而转化为焦炭。由煤生成焦炭的核心是塑性状态的形成。

7.2.2　胶质体理论

当煤样在隔绝空气条件下加热至一定温度时，煤粒开始分解并有气体产物析出，随着温度的不断上升，有焦油析出，在350~420℃时，煤粒的表面上出现了含有气泡的液相膜，如图7-2a 此时液相膜开始软化，许多煤粒的液相膜汇合在一起，形成了气-液-固三相为一体的黏稠混合物，这种混合物称为胶质体，其中固相是指未软化熔融的部分，液相也称为胶质体液相。胶质体液相是形成胶质体的基础，胶质体的组成和性质决定了煤黏结成焦的能力。

随着温度的升高胶质体的黏度降低，气体生成量增加。而粒子界面的消失使气体的流动受到了限制，由于胶质体透气性差，气体不能足够快地逸出。因此，在局部区域可能形成内压很高的气泡，使黏稠的胶质体膨胀起来然后通过脱气气孔使气体压力缓慢下降。温度进一步升高至500~550℃时，液相膜外层开始固化形成半焦，中间仍为胶质体，内部为尚未变化的煤粒如图7-2b 所示。这种状态只能维持很短的时间，因为外层半焦外壳上很快就出现裂纹，胶质体在气体压力下从内部通过裂纹流出。这一过程一直持续到煤粒内部完全转变为半焦为止，如图7-2c 所示。

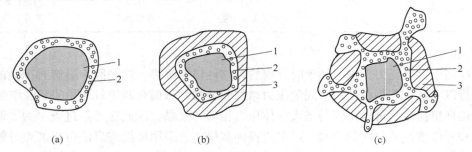

图 7-2　胶质体的生成及转化示意图

（a）转化开始阶段；（b）开始形成半焦阶段；（c）煤粒强烈软化和半焦破裂阶段

1—煤；2—胶质体；3—半焦

将半焦继续加热至950~1000℃时，半焦继续进行热分解和缩聚，放出气体，重量减轻，体积收缩。在分层结焦时，处于不同成焦阶段的相邻各层的温度和收缩速度不同，因而产生收缩应力，导致生成裂纹。随着最终温度的提高，焦炭的碳氢比、真相对密度、机械强度和硬度都逐渐增大。

7.2.2.1　胶质体的来源

（1）煤热解时结构单元之间结合比较薄弱的桥键断裂，生成自由基，其中一部分分子量不太大，含氢较多，使自由基稳定化，形成液体产物；

（2）在热解时，结构单元上的脂肪侧链脱落，大部分挥发逸出，少部分参加缩聚反应形成液态产物；

（3）煤中原有的低分子量化合物——沥青受热熔融变为液态；

（4）残留固体部分在液态产物中部分溶解和胶溶。

7.2.2.2 胶质体的性质

在热解过程中，胶质体的液相分解、缩聚和固化生成半焦，半焦的质量好坏，取决于胶质体的性质。胶质体的性质通常从热稳定性、流动性、透气性和膨胀性等方面进行描述。

（1）热稳定性。煤的热稳定性可用温度间隔 ΔT 来表示，它是煤黏结性的重要指标。煤开始软化的温度（T_p）到开始固化的温度（T_k）之间的温差范围即为胶质体温度间隔（$\Delta T = T_k - T_p$）。它表示了煤在胶质体状态所经过的时间，反映了胶质体热稳定性的好坏。温度间隔大，表示胶质体在较高的加热温度下停留的时间长，热稳定性好，煤粒间有充分的时间接触并相互作用，煤的黏结性就好，反之则差。

（2）流动性。胶质体的流动性是鉴定煤黏结性的重要指标，通常以流动度或黏度来衡量。煤在胶质状态下的流动性，对黏结性影响较大。如果胶质体的流动性差，表明胶质体液相数量少，不利于将煤粒之间或惰性组分之间的空隙填满，所形成的焦炭熔融差，界面结合不好，耐磨性差，因此煤的黏结性差。反之则有利于煤的黏结。有人根据不同煤在胶质体状态最大流动度的测定得出，随着煤化程度的增高，最大流动度呈现规律性变化，在碳含量为 85% ~ 89% 时出现最大值。也就是说，中等煤化程度的烟煤，其胶质体的流动性最好；而煤化程度高或低的煤的胶质体流动性差。此外，提高加热速度可使煤的胶质体的流动性增加。

（3）透气性。煤在热分解过程中有气体析出，但在胶质体状态时，煤粒间空隙被液相产物填满，气体穿透胶质体析出时受到的阻力。这种胶质体阻碍气体析出的能力，称为胶质体的透气性。

透气性对煤的黏结性影响很大。若透气性差，则膨胀压力大，有利于变形煤粒之间的黏结。若胶质体透气性好或胶质体液相量少，液相不能充满颗粒之间，气体容易析出，则膨胀压力小，不利于变形煤粒之间的黏结。

煤化程度、煤岩组分以及加热的速度均影响胶质体的透气性。一般中等煤化程度的煤在热解过程中能产生足够数量的液相产物，这些液相产物热稳定性较好，气体不易析出，胶质体的透气性差，有利于胶质体的膨胀，使气、液、固三相混合物紧密接触，故煤的黏结性好。煤岩组分中的镜质组的胶质体的透气性差、壳质组较好、惰质组不会产生胶质体。提高加热速度可使某些反应提前进行，使胶质体中的液相量增加，使胶质体的透气性变差。

（4）膨胀性。膨胀性指煤在干馏时体积发生膨胀或收缩的性能。气体由胶质体中析出时产生体积膨胀，若体积膨胀不受限制，如测定挥发分时坩埚焦的膨胀，称为自由膨胀（自由膨胀通常用膨胀度表示，即增加的体积对原煤体积之百分数。膨胀度可作为评定煤的黏结能力的指标）或坩埚膨胀；若体积膨胀受到限制，则产生一定的压力如煤在炭化室内干馏时，对炉墙产生的压力，称为膨胀压力。膨胀度与膨胀压力没有直接关系。膨胀度大的煤，膨胀压力不一定大。如肥煤的自由膨胀性很强，但在室式炼焦炉中，肥煤的膨胀压力比瘦煤小，这主要是因为瘦煤的胶质体透气性差，使积聚在胶质层中间的气体析出受到阻力，胶质体压力增加。在保证不损坏炉墙的前提下（一般认为膨胀压力不大于20kPa，以 10～15kPa 最为适宜），膨胀压力增大，可使焦炭结构致密，强度提高。

综上所述，从粒状的煤变成块状的半焦，必须形成胶质体，胶质体的形成是颗粒状煤黏结成焦的必要条件，其中胶质体液相的形成尤为重要。但是要使煤粒黏结得好，还应满足下列条件：

（1）液体产物足够多，能将固体粒子表面润湿，并将粒子间的空隙填满；

（2）胶质体应具有足够大的流动性和较宽的温度间隔；

（3）胶质体应具有一定黏度，有一定气体生成量，能产生膨胀；

（4）黏结性不同的煤粒应在空间均匀分布；

（5）液态产物与固体粒子间应有较好的附着力；

（6）液态产物进一步分解缩合得到的固体产物和未转变为液相的固体粒子本身要有足够的机械强度。

7.2.2.3　影响焦炭强度的主要因素

（1）煤热解时生成胶质体的数量多，流动性好，热稳定性好，则黏结性好，焦炭强度高；

（2）煤中未液化部分和其他惰性物质的机械强度高，与胶质体的浸润能力和附着力强，同时分布均匀，则焦炭强度高；

（3）焦炭气孔率低，气孔小，气孔壁厚和气孔壁强度高，则焦炭强度高；

（4）焦炭裂纹少，则强度高。

此外除装炉煤本身内在因素的影响外，煤料预处理、炼焦工艺参数等，也是影响焦炭质量的重要因素。

7.3　炼焦煤种和配煤理论

7.3.1　炼焦煤种

早期炼焦只用单种煤，随着炼焦工业的发展，炼焦煤储量明显不足，而且随着高炉的大型化，对冶金焦的质量也提出了更高的要求，因此必须采用多种配合煤炼焦。

炼焦煤的特征是具有不同程度的黏结性和结焦性。我国炼焦用煤包括：气煤、1/3 焦煤、气肥煤、肥煤、1/2 中黏煤、焦煤、瘦煤和贫瘦煤共八类。随着配煤炼焦的发展，现在已能配入一定量的贫煤、弱黏煤、长焰煤，甚至无烟煤等煤种，进一步扩大了炼焦煤的范围。配煤炼焦是以各单种煤的特性以及它们在配合煤中的相容性为基础的，将两种或两种以上的单种煤均匀地按适当比例配合，使各煤种之间取长补短，生产优质焦炭，并合理利用煤炭资源，增加炼焦化学产品。当前我国炼焦配煤是以焦煤和肥煤为基础的，适当配入气煤和瘦煤，尽量配入本地区的弱黏结性煤。

7.3.2　配煤理论

由于煤的多样性与复杂性，至今尚未形成普遍适用且精确的配煤理论和实验方法。目前常用的理论配煤方法有以下几种。

7.3.2.1 常规配煤方法

常规配煤方法在我国均属于经验方法。在设计配煤方案时，结合我国以及所在地区煤炭资源的特点，同时需保证煤的灰分、硫分、水分、挥发分、镜质组反射率、黏结指数、胶质层厚度、膨胀压力、煤的细度等各项指标符合对配煤的质量要求。上述配煤指标可以直接测得，也可通过计算得出，计算的原理是建立在配合煤的灰分、硫分、水分、胶质层厚度、挥发分、黏结指数等性能指标具有加和性的基础上，计算公式如下：

$$X = \frac{\sum x_i w_i}{\sum w_i} = \sum x_i w_i \tag{7-1}$$

式中　X——配合煤的某一项指标；

$\quad\quad x_i$——各单种煤的同一指标；

$\quad\quad w_i$——各单种煤的质量分数。

【例7-1】　某焦化厂准备用三种煤配合炼焦，三种煤的胶质层厚度分别为：$Y_1 = 15\text{mm}$、$Y_2 = 17\text{mm}$、$Y_3 = 26\text{mm}$，计划将三种煤按20%、30%、50%的比例配合，试求配合煤的胶质层厚度。

解：

$$Y = \frac{15 \times 20\% + 17 \times 30\% + 26 \times 50\%}{20\% + 30\% + 50\%} = 21.1\text{mm}$$

答：三种煤配合后，胶质层厚度为21.1mm。

当上述各指标（特别是 Y 值和 V_{daf}）符合要求后，则需进行相关实验室规模小焦炉和200kg焦炉炼焦试验，最后还需进行工业试验。只有工业试验炼出的焦炭符合质量标准，才能说明这种配煤方案是可行的。

7.3.2.2 黏结组分——纤维质组分配煤原理

这种配煤原理是根据煤岩学理论将煤分为黏结组分和纤维质组分两部分，同时认为要得到优质焦炭，在配合煤中既要有骨架，又要有黏结组分。黏结组分的数量反映煤的黏结能力，纤维质组分的强度则决定了焦炭强度，这一原理的关系图，如图7-3所示。该原理的主要观点是：

（1）由于强黏结性煤中黏结组分适量，纤维质组分的强度高，所以该煤种可炼得强度高的焦炭。

（2）黏结组分多的高挥发分弱黏结煤，该煤种纤维组分强度低，所以需要配入瘦化组分或焦粉之类的补强剂，才能炼出高强度的焦炭。

（3）对于一般的弱黏结煤来说，不仅黏结组分少，而且纤维质组分强度低，所以在配用时既要加入黏结剂（沥青）以增加黏结组分，还应加入补强材料（加入瘦化剂或焦粉）来提高纤维质组分强度，并加压成形以改善纤维质组分的接触和黏结组分的充填，才能得到合格的焦炭。

（4）非黏结性煤，黏结组分更少，纤维质

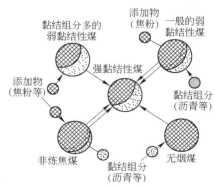

图 7-3　黏结组分与纤维组分
的配合关系示意图

组分的强度也更低，配入这种煤时需添加更多的黏结剂和补强剂才能改善焦炭的强度。

（5）在无烟煤中，只有强度较高的纤维质组分，几乎没有黏结组分，所以配用无烟煤时，需添加黏结剂才能制得足够强度的焦炭。

7.3.2.3　挥发分、流动度配煤概念

通常可用煤化程度指标和黏结性指标来反映煤料的特性。挥发分、流动度配煤概念是以煤化程度和黏结性为配煤依据的一种方案。除了灰分、硫分等化学组成以外，用煤化程度指标（挥发分）和黏结指标（最大流动度）相结合可以反映煤的结焦性。因此不但应该分别考虑各自的适宜值，而且应该考虑两者共同构成的适宜范围。由此在 V_{daf}-MF 图中将烟煤分成九类，并提出配合煤的适宜范围，见图 7-4。

一般情况，位于对角线两侧区域内的煤相互配合后，若两个指标落入图中斜线区域内则可炼出符合标准的焦炭。从图 7-4 中可以看出最佳配煤区为：$V_{daf} = 32\% \sim 37\%$，MF = 1500 ~ 7000DDPM。

7.3.2.4　煤岩配煤原理

用煤岩学观点指导配煤炼焦时的具体步骤如下：

第一根据各单独煤岩组成及反射率图谱计算强度指数 SI（计算方法略），说明焦炭强度与煤化程度之间的关系。

第二再将煤岩显微组分分成活性组分及惰性组分。其中活性组分包括：镜质组、壳质组和半丝质组的 1/3 部分；惰性组分包括惰质组、矿物质和半镜质组的 2/3 部分。根据配煤时反射率和显微组分的可加和性，计算得出配合煤中活性组分的总和与惰性组分的总和。

最后计算活性组分与惰性组分的比值，即组成平衡指数 CBI（计算方法略）。以强度指数 SI 为纵坐标、组成平衡指数 CBI 为横坐标，可以得出一组等强度曲线，见图 7-5。

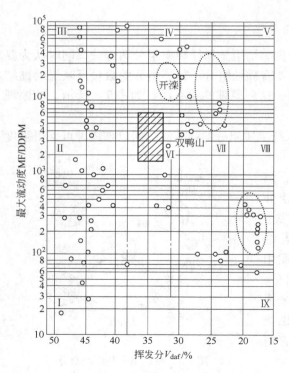

图 7-4　V_{daf}-MF 配煤图

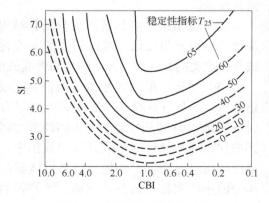

图 7-5　焦炭的稳定性指标 T_{25}
与煤料 CBI 的关系图例

这样，只要知道单煤或配煤的 SI-CBI 值，就能通过图 7-5 中等值线预测出焦炭的强度；或者根据工业生产所要求的焦炭强度值，由图得出相对应的 SI-CBI 值，由公式反推算出各种单煤的配比，达到指导配煤炼焦的目的。

习　题

A　选择题

1. 煤热解中中温干馏的温度为（　　）。

A. 950 ~ 1050℃　　　　B. 500 ~ 600℃　　　　C. 700 ~ 800℃　　　　D. 450 ~ 600℃

2. 胶质体性质的完整表征应包括数量与质量两个方面，其质量包括（　　）等性质。

A. 热稳定性　　　　　B. 流动性　　　　　C. 透气性　　　　　D. 膨胀性

3. 煤热解过程中二次脱气阶段的温度范围为（　　）。

A. 350 ~ 1000℃　　　　B. 550 ~ 1000℃　　　　C. 750 ~ 1000℃　　　　D. 350 ~ 550℃

4. 随着煤化程度的升高，最大流动度在 $w_{daf}(C)$ 为（　　）出现最大值。

A. 80% ~ 85%　　　　B. 85% ~ 89%　　　　C. 89% ~ 95%　　　　D. 75% ~ 80%

5. 排列煤中有机物热解稳定次序（　　）。

A. 芳香烃　　　　　B. 烯烃　　　　　C. 开链烷烃　　　　　D. 芳烷烃

E. 炔烃

6. 煤热解过程中焦油在（　　）时，析出的量最大。

A. 350℃　　　　　B. 450℃　　　　　C. 550℃　　　　　D. 650℃

B　简答题

1. 什么是煤的干馏，煤的干馏分为哪几种？

2. 黏结性烟煤的高温干馏过程分为哪几个阶段，每个阶段突出特征是什么？

3. 煤在热解过程中主要发生哪些化学反应？

4. 影响煤热解的因素有哪些？

5. 什么是胶质体，胶质体的性质从哪些方面进行描述？

6. 影响焦炭强度的主要因素有哪些？

7. 什么是配煤炼焦？

8 煤样的分析实验测定

学习目标

【1】掌握工业分析与全水分实验测定原理和方法；

【2】掌握元素分析实验测定原理和方法；

【3】掌握工艺性质实验测定原理和方法。

8.1 工业分析与全水分实验测定

8.1.1 空气干燥煤样水分的测定

煤的工业分析是了解煤质特性的主要指标，也是评价煤质的基本依据，根据工业分析的各项测定结果可初步判断煤的性质、种类和各种煤的加工利用效果及其工业用途。水分是一项重要的煤质指标，它在煤的基础理论研究和加工利用中都具有重要的作用。

GB/T 212—2008 规定了煤中水分的测定方法有 A 法（通氮干燥法）和 B 法（空气干燥法），其中方法 A 适用于所有煤种，方法 B 仅适用于烟煤和无烟煤。在仲裁分析中遇到有用一般分析试验煤样水分进行校正以及基准的换算时，应用方法 A 测定一般分析试验煤样的水分。本实验采用方法 B（空气干燥法）。

8.1.1.1 实验目的

（1）通过实验了解空气干燥煤样水分的测定方法及原理；

（2）掌握定量分析煤样的水分。

8.1.1.2 实验原理

称取一定量的一般分析试验煤样，置于 105~110℃鼓风干燥箱内，在空气流中干燥到煤样质量恒定，再根据煤样的质量损失计算出水分的质量分数。

8.1.1.3 实验试剂、仪器、设备

（1）无水氯化钙：化学纯，粒状。

（2）变色硅胶：工业用品。

（3）鼓风干燥箱：带有自动控温装置，能保持温度在 105~110℃范围内。

（4）玻璃称量瓶：直径 40mm，高 25mm，并带有严密的磨口盖，见图 8-1。

（5）干燥器：内装变色硅胶或粒状无水氯化钙。

（6）分析天平：感量 0.0001g。

8.1.1.4　实验步骤

（1）在预先干燥并已称量过的称量瓶内称取粒度小于 0.2mm 的空气干燥煤样（1 ± 0.1）g（称准至 0.0002g），平摊在称量瓶中。

（2）打开称量瓶盖，放入预先鼓风并已加热到 105 ~ 110℃ 的干燥箱中。在一直鼓风的条件下，烟煤干燥 1h，无烟煤干燥 1.5h。

（3）从干燥箱中取出称量瓶，立即盖上盖，放入干燥器中冷却至室温（约 20min）后称量。

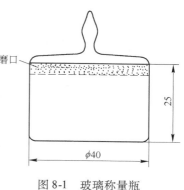

图 8-1　玻璃称量瓶

（4）进行检查性干燥，每次 30min，直到连续两次干燥煤样质量的减少不超过 0.0010g 或质量增加时为止。水分小于 2.00% 时，不必进行检查性干燥。

8.1.1.5　实验记录和数据处理

A　实验记录

实验记录见表 8-1。

表 8-1　空气干燥煤样水分的测定　　　　　年　月　日

煤 样 名 称			
重复测定		第一次	第二次
称量瓶编号			
称量瓶质量/g			
煤样 + 称量瓶质量/g			
煤样质量/g			
干燥后煤样 + 称量瓶质量/g			
检查性干燥	干燥后煤样 + 称量瓶质量/g	第一次		
		第二次		
		第三次		
M_{ad}/%			
M_{ad}（平均值）/%			

实验人员_____

B　数据处理

按式（8-1）计算一般分析试验煤样的水分：

$$M_{ad} = \frac{m_1}{m} \times 100 \qquad (8\text{-}1)$$

式中　M_{ad}——空气干燥煤样水分的质量分数,%；

　　　　m——空气干燥煤样的质量，g；

　　　　m_1——煤样干燥后减少的质量，g。

8.1.1.6　水分测定的精密度

水分测定的精密度见表 8-2。

表 8-2　煤中水分测定精密度

水分质量分数 M_{ad}/%	重复性限/%	水分质量分数 M_{ad}/%	重复性限/%
<5.00	0.20	>10.00	0.40
5.00~10.00	0.30		

8.1.1.7　注意事项

（1）称取试样前，应将煤样充分混合。

（2）样品务必处于空气干燥状态后方可进行水分的测定。国家标准规定制备煤样时，若在室温下连续干燥 1h 后煤样质量变化不大于 0.1%，为达到空气干燥状态。

（3）试样粒度应小于 0.2mm，干燥温度必须按要求控制在 105~110℃ 范围内；干燥时间应为煤样达到干燥完全的最短时间。不同煤源即使同一煤种，其干燥时间也不一定相同。

（4）预先鼓风是为了使温度均匀。可将装有煤样的称量瓶放入干燥箱前 3~5min 就开始鼓风。

（5）进行检查性干燥中，遇到质量增加时，采用前一次的质量为计算依据。

8.1.2　煤灰分产率的测定

煤中灰分是另一项在煤质特性和利用研究中起重要作用的指标。灰分是煤中的有害物质，灰分愈高，煤的质量就愈差。灰分对煤的加工利用极为不利，必须分析测定煤中灰分。

国家标准 GB/T 212—2008 规定，煤的灰分测定包括快速灰化法和缓慢灰化法两种方法。其中缓慢灰化法为仲裁法，快速灰化法为例行分析方法。快速灰化法又分为 A 法和 B 法。本实验采用快速灰化法（A 法）测定煤的灰分。

8.1.2.1　实验目的

（1）通过实验了解煤灰分产率的测定原理和测定方法。

（2）知道煤的灰分与煤中矿物质的关系。

8.1.2.2　实验原理

将装有煤样的灰皿放在预先加热至（815±10）℃ 的灰分快速测定仪的传送带上，煤样自动送入仪器内完全灰化，然后送出。以残留物占煤样的质量分数作为煤样的灰分产率。

8.1.2.3　实验仪器、设备

（1）快速灰分测定仪是一种比较适宜的灰分测定仪。它是由马蹄形管式电炉、传送带

和控制仪三部分组成，见图8-2。

1）马蹄形管式电炉。炉膛长约700mm，底宽约75mm，高约45mm，两端敞口，轴向倾斜度为5°左右。其恒温带要求：(815±10)℃部分长约140mm，750～825℃部分长约270mm，出口端温度不高于100℃。

2）链式自动传送装置（简称传送带）。用耐高温金属制成，传送速度可调，在1000℃下不变形，不掉皮。

3）控制仪。主要包括温度控制装置和传送带传送速度控制装置。温度控制装置能将炉温自动控制在(815±10)℃；传送带传送速度控制装置能将传送速度控制在15～50mm/min之间。

（2）灰皿：瓷质，长方形，底长45mm，底宽22mm，高14mm，见图8-3。

（3）干燥器：内装变色硅胶或粒状无水氯化钙。

（4）分析天平：感量0.0001g。

（5）耐热瓷板或石棉板。

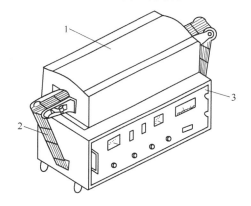

图8-2　快速灰分测定仪
1—管式电炉；2—传送带；3—控制室

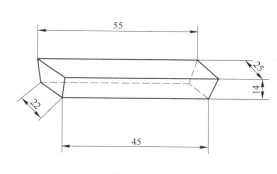

图8-3　灰皿

8.1.2.4　实验步骤

（1）将快速灰分测定仪预先加热至(815±10)℃，开动传送带并将其传送速度调节至17mm/min左右或其他合适的速度。

（2）在预先灼烧至质量恒定的灰皿中，称取粒度小于0.2mm的一般分析试验煤样(0.5±0.01)g（称准至0.0002g），均匀摊平在灰皿中，使其单位面积负荷不超过0.08g/cm²。

（3）将盛有煤样的灰皿放在快速灰分测定仪的传送带上，灰皿即自动送入炉中。

（4）当灰皿从炉内送出时，取下，放在耐热瓷板或石棉板上，在空气中冷却5min左右，移入干燥器中冷却至室温（约20℃）后称量。

8.1.2.5　实验记录和数据处理

A　实验记录

实验记录见表8-3。

表 8-3　煤中灰分测定　　　　　　　　　　年　月　日

煤样名称		
重复测定	第一次	第二次
灰皿编号		
灰皿质量/g		
煤样 + 灰皿/g		
煤样质量/g		
灼烧后残渣 + 灰皿质量/g		
残渣质量/g		
A_{ad}/%		
平均值/%		

实验人员＿＿＿＿＿＿

B　数据处理

空气干燥煤样灰分的质量分数按式（8-2）计算：

$$A_{ad} = \frac{m_1}{m} \times 100 \qquad (8-2)$$

式中　A_{ad}——空气干燥基灰分的质量分数，%；

　　　m——称取一般分析试验煤样的质量，g；

　　　m_1——灼烧后残留物的质量，g。

8.1.2.6　测定精密度

煤中灰分测定精密度见表 8-4。

表 8-4　煤中灰分测定精密度

灰分质量分数/%	重复性限 A_{ad}/%	再现性临界差 A_d/%
< 15.00	0.20	0.30
15.00 ~ 30.00	0.30	0.50
> 30.00	0.50	0.70

8.1.2.7　注意事项

影响灰分测定结果的主要因素有三个：一是黄铁矿氧化程度；二是碳酸盐（主要是方解石）分解程度；三是灰中固定下来的硫的多少。为了获得可靠的灰分测定结果必须做到：

（1）灰化温度保证达到 815℃，时间必须长达 1h，这样才能保证碳酸盐完全分解及二氧化碳完全驱出。

（2）煤中黄铁矿和有机硫在 500℃ 以前就基本上完全氧化；而碳酸钙从 500℃ 开始分解，到 800℃ 完全分解。缓慢灰化法采用分段升温，即在 500℃ 停留 30min 就可以使硫化铁和有机硫充分氧化并有足够的时间排除，避免生成硫酸钙。炉温升到（815 ± 10）℃ 并保持 1h 就能使碳酸钙完全分解。

（3）灰化过程中应始终保持良好的通风状态，使硫氧化物一经生成就及时排出。因此要求马弗炉装烟囱，在炉门上有通风眼，灰化时炉门开启约 15mm 小缝，以使炉内空气可自然流通。

（4）煤样在灰皿中要铺平，以避免局部过厚，燃烧不完全。

（5）管式炉快速灰化法可有效避免煤中硫固定在煤灰中。因使用轴向倾斜度为 5°的马蹄形管式炉，炉中央段温度为（815±10）℃，两端有 500℃温度区，煤样从高的一端至500℃温度区时，煤中硫氧化的生成物由高端（入口端）逸出，不会与到达（815±10）℃区的煤样中的碳酸钙分解生成的氧化钙接触，从而可有效避免煤中硫被固定在灰中。

（6）对于新的灰分快速测定仪，需对不同煤种与缓慢灰化法进行对比试验，根据对比试验结果及煤的灰化情况，调节传送带的传送速度。

8.1.3 煤挥发分产率的测定

煤的挥发分是煤炭分类的主要指标，并被用来初步确定煤的加工利用性质。工业分析中测定的挥发分不是煤中固有的挥发性物质，而是煤在严格规定条件下加热时的热分解产物。利用煤的挥发分产率和焦渣特性能初步判断煤的加工利用途径，煤的挥发分产率与煤的变质程度有密切的关系。利用挥发分可以计算煤的发热量和碳、氢、氯含量及焦油产率。所以，测定煤的挥发分产率在工业上和煤质研究方面都有重要意义。挥发分的测定是一个规范性很强的实验项目，本实验采用 GB/T 212—2008 测定煤的挥发分产率。

8.1.3.1 实验目的

（1）通过实验了解煤的挥发分产率的测定原理及方法；
（2）掌握定量分析煤的挥发分和固定碳的方法。

8.1.3.2 实验原理

取一定量的一般分析试验煤样，放在带盖的瓷坩埚中，在（900±10）℃下，隔绝空气加热 7min，以减少的质量占煤样质量的百分数，减去该煤样的水分含量作为煤样的挥发分。

8.1.3.3 实验仪器、设备

（1）挥发分坩埚：带有配合严密盖的瓷坩埚，形状和尺寸如图 8-4 所示，坩埚总质量

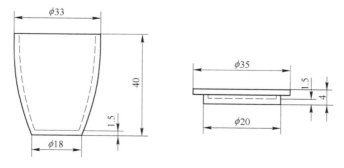

图 8-4 挥发分坩埚

为 15 ～ 20g。

（2）马弗炉：带有高温计和调温装置，能保持温度在（900±10）℃，并有足够的（900±10）℃恒温区。炉子的热容量为当起始温度为 920℃时，放入室温下的坩埚架和若干坩埚，关闭炉门，在 3min 内恢复到（900±10）℃。炉后壁有一个排气孔和一个插热电偶的小孔。小孔位置应使热电偶插入炉内后其热接点在坩埚底和炉底之间，距炉底 20 ～ 30mm 处。

马弗炉的恒温区应在关闭炉门下测定，并至少每年测定一次，高温计（包括毫伏计和热电偶）至少每年校准一次。

（3）坩埚架：用镍铬丝或其他耐热金属丝制成，其规格尺寸以能使所有的坩埚都在马弗炉恒温区内，并且坩埚底部紧邻热电偶接点上方，见图 8-5。

（4）坩埚架夹（图 8-6）。

（5）干燥器：内装变色硅胶或粒状无水氯化钙。

（6）分析天平：感量 0.0001g。

（7）压饼机：螺旋式或杠杆式压饼机，能压制直径约 10mm 的煤饼。

（8）秒表。

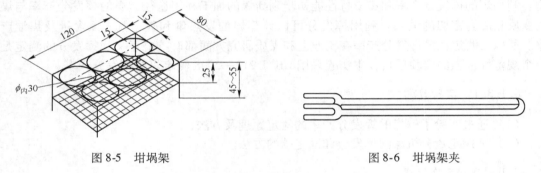

图 8-5　坩埚架　　　　　　　　　　　　　　　图 8-6　坩埚架夹

8.1.3.4　实验步骤

（1）在预先于 900℃温度下灼烧至质量恒定的带盖瓷坩埚中，称取粒度小于 0.2mm 的一般分析试验煤样（1±0.01）g（称准至 0.0002g），然后轻轻振动坩埚，使煤样摊平，盖上盖，放在坩埚架上。褐煤和长焰煤应预先压饼，并切成约 3mm 的小块。

（2）将马弗炉预先加热至 920℃左右。打开炉门，迅速将放有坩埚的架子送入恒温区，立即关上炉门并计时，准确加热 7min。坩埚及架子放入后，要求炉温在 3min 内恢复至（900±10）℃，此后保持在（900±10）℃，否则此次实验作废。加热时间包括温度恢复时间在内。

（3）从炉中取出坩埚，放在空气中冷却 5min 左右，移入干燥器中冷却至室温约 20min 后称量。

8.1.3.5　实验记录和数据处理

A　实验记录

实验记录见表 8-5。

表 8-5 煤的挥发分产率测定 年 月 日

煤样名称		
重复测定	第一次	第二次
坩埚编号		
坩埚质量/g		
煤样 + 坩埚质量/g		
煤样质量/g		
焦渣 + 坩埚质量/g		
煤样加热后减轻的质量/g		
M_{ad}/%		
A_{ad}/%		
平均值/%		

实验人员＿＿＿＿＿

B 数据处理

空气干燥煤样挥发分的质量分数按式（8-3）计算

$$V_{ad} = \frac{m_1}{m} \times 100 - M_{ad} \qquad (8-3)$$

式中 V_{ad}——空气干燥煤样挥发分的质量分数,%；

m——一般分析试验煤样的质量，g；

m_1——煤样加热后减少的质量，g；

M_{ad}——一般分析试验煤样水分的质量分数,%。

8.1.3.6 精密度测定

挥发分测定精密度见表8-6。

表 8-6 挥发分测定精密度

挥发分质量分数/%	重复性限 A_{ad}/%	再现性临界差 A_d/%
<20.00	0.30	0.50
20.00 ~ 40.00	0.50	1.00
>40.00	0.80	1.50

8.1.3.7 固定碳的计算

固定碳是煤炭分类、燃烧和焦化中的一项重要指标，煤的固定碳随变质程度的加深而增加。在煤的燃烧中，利用固定碳来计算燃烧设备的效率；在炼焦工业中，根据它来预计焦炭的产率。煤的固定碳含量不直接测定，一般是根据测定的灰分、水分、挥发分，用差减法求得，按式（8-4）计算。

$$w_{ad}(FC) = 100 - (M_{ad} + A_{ad} + V_{ad}) \qquad (8-4)$$

式中 $w_{ad}(FC)$——空气干燥煤样固定碳的质量分数,%；

M_{ad}—— 一般分析试验煤样水分的质量分数,%;

A_{ad}——空气干燥基灰分的质量分数,%;

V_{ad}——空气干燥基挥发分的质量分数,%。

8.1.3.8　注意事项

因为挥发分测定是一个规范性很强的试验项目,所以必须严格控制试验条件,尤其是加热温度和加热时间。这两项试验条件我国和国际标准规定完全一致,为此必须做到:

(1)测定温度应严格控制在(900±10)℃,要定期对热电偶及毫伏计进行严格的校正。定期测量马弗炉恒温区,测定时坩埚必须放在恒温区。

(2)炉温应在3min内恢复到(900±10)℃。因此马弗炉应经常验证其温度恢复速度是否符合要求,或手动控制。每次试验最好放同样数目的坩埚,以保证坩埚及其支架的热容量基本一致。

(3)总加热时间(包括温度恢复时间)要严格控制在7min,用秒表计时。

(4)带有严密盖的瓷坩埚,形状、尺寸、总质量必须符合图8-4所示规定。

(5)耐热金属做的坩埚架尺寸如图8-5所示,受热时不能掉皮,若沾在坩埚上会影响测定结果。

(6)坩埚从马弗炉取出后,在空气中冷却时间不宜过长,以防焦渣吸水。坩埚在称量前不能开盖。

(7)褐煤、长焰煤水分和挥发分很高,如以松散状态放入900℃炉中加热,则挥发分会骤然大量释放,把坩埚盖顶开带走碳粒,使结果偏高,而且重复性差。若将煤样压成饼,切成3mm小块后,使试样紧密可减缓挥发分的释放速度,因而可有效地防止煤样爆燃、喷溅,使测定结果可靠稳定。

8.1.4　煤中全水分的测定

煤中水分是衡量煤质的重要特征之一,直接影响着煤的使用、运输和储存。煤中全水分是指煤中全部的游离水分,即煤中外在水分和内在水分之和,是评价煤炭经济价值的基本指标。实验室测试的外在水分和内在水分,除与煤中不同结构状态下的外在水分和内在水分有关外,还与测试时空气的湿度和温度有关。

国家标准GB/T 211—2007规定煤中全水分的测定共A、B、C三种方法。在氮气流中干燥的方式(方法A1和方法B1)适用于所有煤种;在空气流中干燥的方式(方法A2和方法B2)适用于烟煤和无烟煤;微波干燥法(方法C)适用于烟煤和褐煤。以方法A1作为仲裁方法。

本实验采用方法A2(空气干燥法)测定全水分。

8.1.4.1　实验目的

(1)学习和掌握煤中全水分的测定方法及基本原理;

(2)熟练掌握煤中全水分的测定步骤;

(3)了解全水分测定的用途。

8.1.4.2 实验原理

称取一定量的粒度小于 13mm 的煤样，在温度不高于 40℃的环境下干燥到质量恒定，再将煤样破碎到粒度小于 3mm，于 105 ~ 110℃下，在空气流中干燥到质量恒定，根据煤样两步干燥后的质量损失计算出全水分。

8.1.4.3 实验试剂和仪器设备

（1）无水氯化钙：化学纯，粒状。
（2）变色硅胶：工业用品。
（3）空气干燥箱：带有自动控温和鼓风装置，并能控制温度在 30 ~ 40℃和 105 ~ 110℃范围内，有气体进、出口，有足够的换气量，如每小时可换气 5 次以上。
（4）浅盘：由镀锌铁板或铝板等耐热、耐腐蚀材料制成，其规格应能容纳 500g 煤样，且单位面积负荷不超过 $1g/cm^2$。
（5）玻璃称量瓶：直径 70mm，高 35 ~ 40mm，并带有严密的磨口盖。
（6）分析天平：感量 0.001g。
（7）工业天平：感量 0.1g。
（8）流量计：量程 100 ~ 1000mL/min。
（9）干燥塔容量：250mL，内装变色硅胶或粒状无水氯化钙。

8.1.4.4 实验步骤

A 外在水分

在预先干燥和已称量过的浅盘内迅速称取小于 13mm 的煤样（500 ± 10）g（称准至 0.1g），平摊于浅盘中，在环境温度不高于 40℃的空气干燥箱中干燥到质量恒定（连续干燥 1h，质量变化不超过 0.5g），记录恒定后的质量（称准至 0.1g）。对于使用空气干燥箱干燥的情况，称量前需使煤样在试验室环境中重新达到湿度平衡。按式（8-5）计算外在水分：

$$M_f = \frac{m_1}{m} \times 100 \qquad (8-5)$$

式中 M_f——煤样的外在水分，用质量分数表示，%；
    m——称取小于 13mm 的煤样质量，g；
    m_1——煤样干燥后的质量损失，g。

B 内在水分

（1）立即将测定外在水分后的煤样破碎到粒度小于 3mm，在预先干燥和已称量过的称量瓶内迅速称取质量 m_2 约为（10 ± 1）g 煤样（称准至 0.001g），平摊在称量瓶中。
（2）打开称量瓶盖，放入预先通入干燥空气并已加热到 105 ~ 110℃的空气干燥箱中，每小时换气 15 次以上（烟煤干燥 1.5h，褐煤和无烟煤干燥 2h）。
（3）从干燥箱中取出称量瓶，立即盖上盖，在空气中放置约 5min，然后放入干燥器中，冷却到室温（20℃），称量质量（称准至 0.001g）。
（4）进行检查性干燥。每次 30min，直到连续两次干燥煤样的质量减少不超过 0.01g

或质量增加时为止。在后一种情况下，采用质量增加前一次的质量作为计算依据。内在水分在 2% 以下时，不必进行检查性干燥。

按式（8-6）计算内在水分：

$$M_{inh} = \frac{m_3}{m_2} \times 100 \qquad (8\text{-}6)$$

式中 M_{inh}——煤样的内在水分，用质量分数表示，%；

   m_2——称取的煤样质量，g；

   m_3——煤样干燥后的质量损失，g。

8.1.4.5 实验记录和数据处理

A   实验记录

实验记录见表 8-7。

表 8-7   煤中全水分测定   年   月   日

煤样名称			
重复测定		第一次	第二次
称量瓶编号			
称量瓶质量/g			
煤样 + 称量瓶质量/g			
煤样质量/g			
干燥后煤样 + 称量瓶质量/g			
检查性干燥	干燥后煤样 + 称量瓶质量/g 第一次		
	第二次		
	第三次		
M_f（平均值）/%			
M_{inh}（平均值）/%			
M_t/%			

实验人员_____

B   数据处理

全水分测定结果按式（8-7）计算：

$$M_t = M_f + \frac{100 - M_f}{100} \times M_{inh} \qquad (8\text{-}7)$$

报告数值修约至小数点后一位。

如在运送过程中煤样的水分有损失，则按式（8-8）求出补正后的全水分值。

$$M_t' = M_t + \frac{100 - M_1}{100} \times M_t \qquad (8\text{-}8)$$

式中 M_t'——煤样的全水分，用质量分数表示，%；

   M_1——煤样在运送过程中的水分损失百分率，%；

M_t——不考虑煤样在运送过程中的水分损失测得的水分，用质量分数表示，%。

计算中，当 M_1 大于1%时，表明煤样在过程中可能受到意外损失，则不可补正。但测得的水分可作为实验室收到煤样的全水分。在报告结果时，应注明"未经补正水分损失"，并将煤样容器标签和密封情况一并报告。

8.1.4.6 测定精密度

煤中全水分测定结果的精密度见表8-8。

表8-8 煤中全水分测定结果的精密度

全水分(M_t)/%	重复性限/%
<10	0.4
≥10	0.5

8.1.4.7 注意事项

煤中全水分测定的关键是要保证从制样到煤样称量的过程中，煤样中水分没有变化。

（1）注意全水分煤样制样要迅速、煤样不宜破碎过细，以防止制样中水分损失；

（2）煤样应保存在密封性良好的容器内；

（3）煤样送到化验室后应尽快测定；

（4）称量前煤样一定要混合均匀，称量时动作一定要迅速。

8.2 元素分析实验测定

8.2.1 煤中碳和氢含量的测定

碳是煤中最基本的成分，也是煤中最主要的可燃元素，氢是煤中单位发热量最高的元素，二者在氧气中燃烧时生成二氧化碳和水。通过实验测定二氧化碳和水的含量可以了解到煤的成因、类型及煤化程度等性能指标。

国家标准 GB/T 476—2008 采用吸收法测定二氧化碳和水，从而间接求得碳和氢的含量。本实验采用国家标准规定的方法测定。

8.2.1.1 实验目的

（1）掌握三节炉法测定煤中碳、氢元素含量的方法、原理；

（2）熟悉三节炉法测定煤中碳、氢元素含量的测定准备、测定步骤；

（3）了解三节炉的基本结构和燃烧管的充填方法。

8.2.1.2 实验原理

一定量的煤样在氧气流中燃烧，生成的二氧化碳和水，分别用二氧化碳吸收剂（无水氯化钙或无水高氯酸镁）和吸水剂（碱石棉或碱石灰）吸收，根据吸收剂的增量计算煤中碳和氢的含量。煤样中硫和氯对碳测定的干扰在三节炉中用铬酸铅和银丝卷消除，在二节炉中用高锰酸银热解产物消除。氮对碳测定的干扰用粒状二氧化锰消除。

8.2.1.3　实验试剂和材料

（1）无水高氯酸镁：分析纯，粒度 1 ~ 3mm；或无水氯化钙：分析纯，粒度 2 ~ 5mm。

（2）粒状二氧化锰：化学纯，市售或用硫酸锰和高锰酸钾制备。

制法：称取 25g 硫酸锰，溶于 500mL 蒸馏水中，另称取 16.4g 高锰酸钾，溶于 300mL 蒸馏水中。两溶液分别加热到 50 ~ 60℃。在不断搅拌下将高锰酸钾溶液慢慢注入硫酸锰溶液中，并加以剧烈搅拌。然后加入 10mL（1 + 1）硫酸。将溶液加热到 70 ~ 80℃并继续搅拌 5min，停止加热，静置 2 ~ 3h。用热蒸馏水以倾泻法洗至中性。将沉淀移至漏斗过滤，除去水分，然后放入干燥箱中，在 150℃ 左右干燥 2 ~ 3h，得到褐色、疏松状的二氧化锰，小心破碎和过筛，取粒度 0.5 ~ 2mm 备用。

（3）铜丝卷：丝直径约 0.5mm；铜丝网：0.15mm（100 目）。

（4）氧化铜：化学纯，线状（长约 5mm）。

（5）铬酸铅：分析纯，制备成粒度 1 ~ 4mm。

制法：将市售的铬酸铅用蒸馏水调成糊状，挤压成形。放入马弗炉中，在 850℃ 下灼烧 2h，取出冷却后备用。

（6）银丝卷：丝直径约 0.25mm。

（7）氧气：99.9%，不含氢。氧气钢瓶须配有可调节流量的带减压阀的压力表（可使用医用氧气吸入器）。

（8）三氧化钨：分析纯。

（9）碱石棉：化学纯，粒度 1 ~ 2mm，或碱石灰：化学纯，粒度 0.5 ~ 2mm。

（10）真空硅脂。

（11）高锰酸银热解产物：当使用二节炉时，需制备高锰酸银热解产物。

制备方法：将 100g 纯高锰酸钾溶于 2L 蒸馏水中，煮沸。另取 107.5g 化学纯硝酸银溶于约 50mL 蒸馏水中，在不断搅拌下，缓缓注入沸腾的高锰酸钾溶液中，搅拌均匀后逐渐冷却并静置过夜。将生成的深紫色晶体用蒸馏水洗涤数次，在 60 ~ 80℃ 下干燥 1h，然后将晶体一小部分一小部分地放在瓷皿中，在电炉上缓缓加热至骤然分解成银灰色疏松产物，装入磨口瓶中备用（警告：未分解的高锰酸银易受热分解，故不宜大量储存）。

（12）硫酸：化学纯。

（13）带磨口塞的玻璃管或小型干燥器（不放干燥剂）。

8.2.1.4　实验装置

（1）分析天平：感量 0.0001g；

（2）带磨口塞的玻璃管或小型干燥器（不放干燥剂）；

（3）碳氢测定仪。

碳氢测定仪装置包括净化系统、燃烧装置和吸收系统三个主要部分，见图 8-7。

1）净化系统。用来脱除氧气中的二氧化碳和水。包括以下部件。

气体干燥塔：容量 500mL，2 个，一个上部（约 2/3）装无水氯化钙（或无水高氯酸镁），下部（约 1/3）装碱石棉（或碱石灰）；另一个装无水氯化钙（或无水高氯酸镁）。

流量计：测量范围 0 ~ 150mL/min。

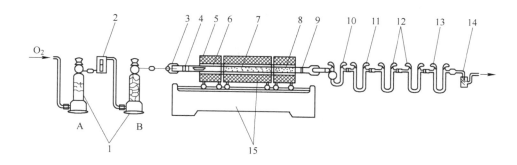

图 8-7　三节炉碳氢测定仪示意图

1—气体干燥塔；2—流量计；3—橡皮塞；4—铜丝卷；5—燃烧舟；6—燃烧管；
7—氧化铜；8—铬酸铅；9—银丝卷；10—吸水 U 形管；11—除氮氧化物 U 形管；
12—吸收二氧化碳 U 形管；13—保护 U 形管；14—气泡计；15—三节炉及控温装置

2）燃烧装置。包括三节炉及其控温系统，用以将煤样完全燃烧使其中的碳和氢生成二氧化碳和水，同时脱除测定干扰的硫氧化物和氯。主要有以下部件。

三节炉（双管炉或单管炉）：炉膛直径约 35mm，每节炉装有热电偶测温和控温装置。第一节长约 230mm，可加热到（850 ± 10）℃，并可沿水平方向移动；第二节长 330 ~ 350mm，可加热到（800 ± 10）℃；第三节长 130 ~ 150mm，可加热到（600 ± 10）℃。

燃烧管：素瓷、石英、刚玉或不锈钢制成，长 1100 ~ 1200mm，内径 20 ~ 22mm，壁厚约 2mm。

燃烧舟：素瓷或石英制成，长约 80mm。

橡皮塞或橡皮帽（最好用耐热硅橡胶）或铜接头。

3）吸收系统。用来吸收燃烧生成的二氧化碳和水，并在二氧化碳吸收管前将氮氧化物脱除。包括以下部件。

吸水 U 形管：装药部分高 100 ~ 120mm，直径约 15mm，入口端有一球形扩大部分，内装无水氯化钙或无水高氯酸镁。

吸收二氧化碳 U 形管：装药部分高 100 ~ 120mm，直径约 15mm，前 2/3 装碱石棉或碱石灰，后 1/3 装无水氯化钙或无水高氯酸镁。

除氮 U 形管：装药部分高 100 ~ 120mm，直径约 15mm，前 2/3 装粒状二氧化锰，后 1/3 装无水氯化钙或无水高氯酸镁。

气泡计：容量约 10mL，内装浓硫酸。

（4）分析天平：感量 0.0001g。

8.2.1.5　实验准备

（1）净化系统各容器的充填和连接。

按净化系统的规定在净化系统各容器中装入相应的净化剂，然后按照图 8-7 所示顺序将各容器连接好。氧气可由氧气钢瓶通过调节流量的减压阀供给。净化剂经 70 ~ 100 次测定后，应进行检查或更换。

（2）吸收系统各容器的充填和连接。

　　按净化系统的规定在吸收系统各容器中装入相应的吸收剂。为保证系统气密性，每个U形管磨口塞处涂少许真空硅脂，然后按照图8-7所示顺序将各容器连接好。

　　吸收系统末端可连接一个U形管（防止硫酸倒吸）和一个装有硫酸的气泡计。

　　（3）燃烧管的填充。使用三节炉时，按图8-8所示填充。

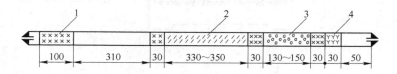

图 8-8　三节炉燃烧管填充示意图
1—铜丝卷；2—氧化铜；3—铬酸铅；4—银丝卷

　　用直径约0.5mm的铜丝制作三个长约30mm和一个长约100mm，直径稍小于燃烧管，使之能自由插入管内又与管壁密接的铜丝卷。

　　从燃烧管出口端起，留50mm空间，依次充填30mm直径约0.25mm银丝卷，30mm铜丝卷，130～150mm（与第三节电炉长度相等）铬酸铅（使用石英管时，应用铜片把铬酸铅与石英管隔开），30mm铜丝卷，330～350mm（与第二节电炉长度相等）线状氧化铜，30mm铜丝卷，310mm空间和100mm铜丝卷。燃烧管两端通过橡皮塞或铜接头分别同净化系统和吸收系统连接。橡皮塞使用前应在105～110℃下干燥8h左右。

　　燃烧管中的填充物（氧化铜、铬酸铅和银丝卷）经70～100次测定后应检查或更换。

　　（4）炉温的校正。将工作热电偶插入三节炉（或二节炉）的热电偶孔内，使热端插入炉腔并与高温计连接。将炉温升至规定温度，保温1h。然后沿燃烧管轴向将标准热电偶依次插到空燃烧管中对应于第一、第二、第三节炉（或第一、第二节炉）的中心处，勿使热电偶和燃烧管管壁接触。根据标准热电偶指示，将管式电炉调节到规定温度并恒温5min。记下相应工作热电偶的读数，以后即以此为准控制炉温。

　　（5）空白实验。将仪器各部分按图8-7所示，连接、通电升温。将吸收系统各U形管磨口塞旋至开启状态，接通氧气，调节氧气流量为120mL/min，并检查系统气密性。在升温过程中，将第一节电炉往返移动几次，通气约20min后，取下吸收系统，将各U形管磨口塞关闭（负压供氧时，应先关闭靠近硫酸气泡计的U形管磨口塞，再依次关闭其他U形管磨口塞，然后取下吸收系统），用绒布擦净，在天平旁放置10min左右。当第一节炉达到并保持在(850±10)℃，第二节炉达到并保持在(800±10)℃，第三节炉达到并保持在(600±10)℃后开始做空白实验。此时将第一节炉移至紧靠第二节炉接上已经通气并称量过的吸收系统。在一个燃烧舟内加入三氧化钨（质量和煤样分析时相当）。打开橡皮塞，取出铜丝卷，将装有三氧化钨的燃烧舟用镍铬丝推棒推至第一节口处，将铜丝卷放在燃烧舟后面，塞紧橡皮塞，接通氧气并调节氧气流量为120mL/min。移动第一节炉，使燃烧舟位于炉子中心，通气2～3min，将第一节炉移回原位。

　　2min后取下吸收系统U形管，将磨口塞关闭（负压供氧操作同上），用绒布擦净，在天平旁放置10min后称量。吸水U形管增加的质量即为空白值。重复上述实验，直到连续两次空白测定值相差不超过0.0010g，除氮管、二氧化碳吸收管最后一次质量变化不超过0.0005g为止。取两次空白值的平均值作为当天氢的空白值。在做空白实验前，应先确定燃烧管的位置，使出口端温度尽可能高又不会使橡皮塞受热分解。如空白值不易达到稳定，可适当调节燃烧管的位置。

8.2.1.6 实验步骤

（1）将第一节炉炉温控制在（850±10）℃，第二节炉炉温控制在（800±10）℃，第三节炉炉温控制在（600±10）℃，并使第一节炉紧靠第二节炉。

（2）在预先灼烧过的燃烧舟中称取粒度小于0.2mm的空气干燥煤样0.2g（称准至0.0002g），并均匀铺平。在煤样上铺一层三氧化钨。可将燃烧舟暂存入专用的磨口玻璃管或不加干燥剂的干燥器中。

（3）接上已称量的吸收系统，并以120mL/min的流量通入氧气，打开橡皮塞，取出铜丝卷，迅速将燃烧舟放入燃烧管中，使其前端刚好在第一节炉炉口，再放入铜丝卷，塞上橡皮塞。保持氧气流量为120mL/min。1min后向净化系统方向移动第一节炉，使燃烧舟的一半进入炉子；2min后移炉，使燃烧舟全部进入炉子；再2min后，使燃烧舟位于炉子中央。保温18min后，把第一节炉移回原位。2min后，取下吸收系统，将磨口塞关闭（负压供氧时，应先关闭靠近硫酸气泡计的U形管磨口塞，再依次关闭其他U形磨口塞，然后取下吸收系统），用绒布擦净，在天平旁放置10min后称量（除氮管不必称量）。如果第二个吸收二氧化碳U形管变化小于0.0005g，计算时忽略。

8.2.1.7 实验记录和数据处理

A 实验记录
实验记录见表8-9。

表8-9 煤中碳和氢含量的测定 年 月 日

煤样名称			煤样来源		
瓷舟编号	瓷舟质量/g	瓷舟+煤样质量/g	煤样质量/g	空白值(m_3)/g	
				空气干燥煤样水分/g	
	U形管	吸收前质量/g	吸收后质量/g	增量值/g	重复测定/%	平均值/%
U形管质量	水分吸收管				$w_{ad}(H) =$	$\overline{w_{ad}(H)} =$
					$w_{ad}(H) =$	
	二氧化碳吸收管				$w_{ad}(C) =$	$\overline{w_{ad}(C)} =$
					$w_{ad}(C) =$	

实验人员_____

B 数据处理
空气干燥煤样的碳和氢的质量分数分别按式（8-9）、式（8-10）计算：

$$w_{ad}(C) = \frac{0.2729m_1}{m} \times 100 \tag{8-9}$$

$$w_{ad}(H) = \frac{0.1119(m_2 - m_3)}{m} \times 100 - 0.1119M_{ad} \qquad (8\text{-}10)$$

式中　　$w_{ad}(C)$——空气干燥煤样碳的质量分数,%;

　　　　$w_{ad}(H)$——空气干燥煤样氢的质量分数,%;

　　　　　　m——空气干燥煤样质量,g;

　　　　m_1——吸收二氧化碳 U 形管的增量,g;

　　　　m_2——吸水 U 形管的增量,g;

　　　　m_3——水分空白值,g;

　　　　M_{ad}——空气干燥煤样水分的质量分数,%;

　　　0.2729——将二氧化碳折算为碳的化学因数;

　　　0.1119——将水折算成氢的化学因数。

　　若煤样碳酸盐二氧化碳的质量分数大于 2% ,则按照式 (8-11) 计算:

$$w_{ad}(CO_2) = \frac{0.2729m_1}{m} \times 100 - 0.2729w_{ad}(CO_2) \qquad (8\text{-}11)$$

式中　　$w_{ad}(CO_2)$——空气干燥煤样中碳酸盐二氧化碳的质量分数,%;

　　　　其余符号意义同前。

8.2.1.8　碳、氢测定的精密度

碳、氢测定的精密度见表 8-10。

表 8-10　碳、氢测定的精密度

分析项目	重复性限/%	再现性临界差/%
$w_{ad}(C)$	0.50	1.00
$w_{ad}(H)$	0.15	0.25

8.2.1.9　注意事项

(1) 整个测定过程中,各节炉温不能超过规定温度,特别是第三节炉温不能超过 (600 ± 10)℃,否则铬酸铅颗粒可能熔化粘连,降低脱硫效果,干扰碳的测定。遇此情况应立即停止实验,切断电源,待炉温降低后,更换燃烧管内的试剂。

(2) 燃烧管出口端的橡皮帽或橡皮塞使用前应于 105～110℃下烘烤 8h 以上至恒重。因为新的橡皮帽或橡皮塞受热要分解,既干扰碳、氢的测定,又使空白值不恒定。

(3) 瓷制燃烧管导热性能差,燃烧管出口端露出部分的温度较低,煤样燃烧生成的水蒸气会在燃烧管出口端凝结,冬天或测定水分含量较高的褐煤和长焰煤时此现象更为明显,造成氢测定值偏低。因此要在燃烧管出口端露出部分加金属制保温套管,使此处温度维持在既不使水蒸气凝结,又不烧坏橡皮帽。若不用保温套管,也可通过调节燃烧管出口端露出部分的长度来调节该段的温度。

(4) 燃烧管内填充物经 70～100 次测定后应更换。填充剂的氧化铜、铬酸铅、银丝卷经处理后可重复使用。

氧化铜:用 1mm 孔径筛筛去粉末;

　　铬酸铅：用热的稀碱液（约 50g/L 氢氧化钠溶液）浸渍，用水洗净、干燥，500 ~ 600℃下灼烧 0.5h；

　　银丝卷：用浓氨水浸泡 5min，在蒸馏水中煮沸 5min，用蒸馏水冲洗干净并干燥。

　　（5）碳、氢测定中，国家标准允许使用的供氧方式有两种：负压供氧和正压供氧。它们在碳、氢测定中有不同的操作顺序。

　　负压供氧是用调节连接在仪器最末端下口瓶的水流速度来调节氧气的流量。采用此方式供氧，吸收系统与燃烧管相连后，应由靠近硫酸气泡计一端向燃烧管方向逐一旋开 U 形管旋塞，使其旋通（硫酸气泡计冒 1 ~ 2 个气泡表示旋通）。实验完毕，应先将靠近硫酸气泡计的 U 形管旋塞旋闭，使系统内部压力达到平衡，再将其他 U 形管旋塞旋闭，取下吸收系统。

　　正压供氧是用氧气压力表的减压装置来调节氧气流量。采用此方式供氧，应先将吸收系统所有的 U 形管旋塞全部旋通，再与燃烧管相连，以免气路不通，系统内压力过大而使 U 形管旋塞弹开，甚至损坏。实验完毕，先将吸水管与燃烧管断开，再旋闭所有 U 形管旋塞，取下吸收系统。

　　（6）吸收系统取下后，需在天平旁放置 10min 后再称量，这是因为氯化钙吸水、碱石棉吸收二氧化碳都是放热反应，放置一定时间，使其温度降到室温后再称量，可保证称量的准确性。

　　（7）吸水管和二氧化碳吸收管在测定过程中发生下述现象应及时更换。

　　吸水管中靠近燃烧管端的氯化钙开始熔化粘连并阻碍气流畅通时，应及时更换，否则，部分吸出的水被气流带走，会使氢的测定结果偏低。

　　在两个串联的二氧化碳吸收管中，第二个 U 形管增量超过 50mg，应更换第一个 U 形管，并将第二个 U 形管放在第一个 U 形管的位置；在第二个 U 形管处换上一个已通氧气达到恒重的二氧化碳吸收管。如不及时更换，会使碳的测定值偏低。

　　（8）除氮管应在 50 次测定后检查或更换。否则，一旦二氧化锰试剂失效，氮的氧化物将被碱石棉吸收，使碳的测定结果偏高。

　　检查方法：将氧化氮指示胶装在一玻璃管内，两端塞上棉花，接在除氮管后面。燃烧煤样，指示胶由绿色变为红色，表明试剂失效，应予以更换。用上述方法检查时，不接二氧化碳吸收管，会使碳的测量值偏高。

8.2.2　煤中全硫含量的测定

　　硫是煤中的有害元素之一，它给煤炭加工、利用和环境带来极大危害。煤中含硫量较高，燃烧后产生的二氧化硫是空气污染的主要物质，是酸雨的主要原成分。同时，二氧化硫也是导致锅炉受热面烟气侧腐蚀和堵灰的主要因素。炼焦时，煤中的硫大部分转入焦炭，使钢铁产生热脆性。因此，为了更好地利用煤炭资源，必须了解煤中全硫含量。

　　国家标准 GB/T 214—2007 规定煤中全硫的测定方法有艾氏法、库仑滴定法和高温燃烧中和法。在仲裁分析时，应采用艾氏法。本实验采用高温燃烧中和法测定。

8.2.2.1　实验目的

　　（1）掌握高温燃烧中和法测定煤中全硫的实验原理、测定方法和步骤；

（2）熟悉高温燃烧中和法进行硫测定的设备认知；

（3）进一步训练和加强化学分析基础理论和操作技能。

8.2.2.2 实验原理

煤样在催化剂作用下于氧气流中燃烧，煤中硫生成硫氧化物，被过氧化氢溶液吸收形成硫酸，用氢氧化钠溶液滴定，根据消耗的氢氧化钠标准溶液量，计算煤中全硫含量。

8.2.2.3 实验仪器设备和试剂

A 实验设备

（1）管式高温炉：能加热到1200℃，并有至少70mm的（1150±10）℃高温恒温带，带有铂铑-铂热电偶测温和控温装置。

（2）异径燃烧管：耐温1300℃以上，总长约750mm；一端外径约22mm，内径约19mm，长约690mm；另一端外径约10mm，内径约7mm，长约6mm。

（3）氧气流量计：测量范围0～600mL/min。

（4）吸收瓶：250mL或300mL锥形瓶。

（5）气体过滤器：用G1～G3型玻璃熔板制成。

（6）干燥塔：容积250mL，下部（2/3）装碱石棉，上部（1/3）装无水氯化钙。

（7）贮气桶：容量为30～50L。

注：用氧气钢瓶正压供气时可不配备贮气桶。

（8）酸式滴定管：25mL和10mL两种。

（9）碱式滴定管：25mL和10mL两种。

（10）镍铬丝钩：用直径约2mL的镍铬丝制成，长约700mm，一端弯成小钩。

（11）带橡皮塞的T形管，见图8-9。

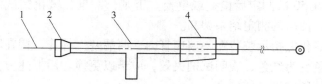

图8-9 带橡皮塞的T形管

1—镍铬丝推棒；2—翻胶帽；3—T形玻璃管；4—橡皮塞

（12）燃烧舟：瓷或刚玉制品，耐温1300℃以上，长约77mm，上宽约12mm，高约8mm。

（13）洗耳球。

B 实验试剂

（1）三氧化钨：HG 10—1129；

（2）氧气（GB/T 3863）：99.5%；

（3）碱石棉：化学纯，粒状；

（4）无水氯化钙（HG/T 2327）：化学纯；

（5）混合指示剂：将 0.1259 甲基红（HG/T 3—958）溶于 100mL 乙醇（GB/T 679）中；另将 0.083g 亚甲基蓝（HGB 3364）溶于 100mL 乙醇（GB/T 678）中，分别贮存于棕色瓶中，使用前按等体积混合；

（6）邻苯二甲酸氢钾（GB 1257）：优级纯；

（7）酚酞溶液：1g/L，0.1g 酚酞（GB/T 10729）溶于 100mL 60% 的乙醇溶液中；

（8）过氧化氢溶液：体积分数为 3%；

（9）氢氧化钠标准溶液：$c(\mathrm{NaOH}) = 0.03\mathrm{mol/L}$；

（10）羟基氰化汞溶液：称取 6.5g 左右羟基氰化汞，溶于 500mL 去离子水中，充分搅拌后，放置片刻，过滤。往滤液中加入 2~3 滴混合指示剂，用稀硫酸溶液中和，贮存于棕色瓶中。此溶液有效期为 7d；

（11）碳酸钠纯度标准物质：GBW 06101，使用方法见标准物质证书；

（12）硫酸标准溶液：$c(1/2\mathrm{H_2SO_4}) = 0.03\mathrm{mol/L}$。

8.2.2.4 实验步骤

A 实验准备

（1）把燃烧管插入高温炉，使细径管端伸出炉 100mm，并接上一段长约 30mm 的硅橡胶管。

（2）将高温炉加热并稳定在 $(1200 \pm 10)℃$，测定燃烧管内高温恒温带及 500℃ 温度带部位和长度。

（3）将干燥塔、氧气流量计、高温炉的燃烧管和吸收瓶连接好，并检查装置的气密性。

B 实验步骤

将高温炉加热并控制在 $(1200 \pm 10)℃$。用量筒分别量取 100mL 已中和的过氧化氢溶液，倒入两个吸收瓶中，塞上带有气体过滤器的瓶塞并连接到燃烧管的细颈端，再次检查其气密性。称取粒度小于 0.2mm 的空气干燥煤样 $(0.20 \pm 0.01)g$（称准至 0.0002g）于燃烧舟中，并盖上一薄层三氧化钨。将盛有煤样的燃烧舟放在燃烧管入口端，随即用带橡皮塞的 T 形管塞紧，然后以 350mL/min 的流量通入氧气。用镍铬丝推棒将燃烧舟推到 500℃ 温度区并保持 5min，再将舟推到高温区，立即撤回推棒，使煤样在该区燃烧 10min。

C 空白测定

在燃烧舟内放一薄层三氧化钨（不加煤样），按上述步骤测定空白值，实验装置见图 8-10。

8.2.2.5 实验记录及数据处理

A 煤中全硫含量的计算

用氢氧化钠标准溶液的浓度计算煤中全硫含量，按式（8-12）计算：

$$w_{\mathrm{ad}}(\mathrm{S})_{\mathrm{t}} = \frac{(V - V_0) \times C \times 0.016 \times f}{m} \times 100 \qquad (8\text{-}12)$$

式中　$w_{\mathrm{ad}}(\mathrm{S})_{\mathrm{t}}$——一般分析煤样中全硫质量分数，%；

　　　　V——煤样测定时，氢氧化钠标准溶液的用量，mL；

V_0——空白测定时，氢氧化钠标准溶液的用量，mL；

C——氢氧化钠标准溶液的浓度，mol/L；

0.016——硫$\left[\dfrac{1}{2}S\right]$的摩尔质量，g/mmol；

f——校正系数，当$w_{ad}(S_t) < 1\%$时，$f = 0.95$；$w_{ad}(S_t)$为$1\% \sim 4\%$时，$f = 1.00$；$w_{ad}(S_t) > 4\%$时，$f = 1.05$；

m——煤样质量，g。

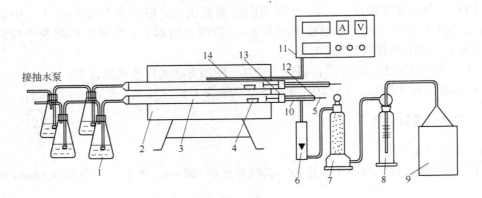

图 8-10　高温燃烧中和法测硫装置

1—吸收瓶；2—燃烧炉；3—燃烧管；4—瓷舟；5—推棒；6—流量计；7—干燥塔；
8—洗气瓶；9—储气筒；10—T形管；11—温度控制器；
12—翻胶帽；13—橡皮塞；14—探测棒

用氢氧化钠标准溶液的滴定度计算煤中全硫含量，按式（8-13）计算：

$$w_{ad}(S)_t = \frac{(V_1 - V_0) \times T}{m} \times 100 \tag{8-13}$$

式中　$w_{ad}(S)_t$——一般分析煤样中全硫质量分数，%；

V_1——煤样测定时，氢氧化钠标准溶液的用量，mL；

V_0——空白测定时，氢氧化钠标准溶液的用量，mL；

T——氢氧化钠标准溶液的滴定度，g/mL；

m——煤样质量，g。

B　氯的校正

氯含量高于 0.02% 的煤或用氯化锌减灰的精煤应按以下方法进行氯的校正：

在氢氧化钠标准溶液滴定到终点的试液中加入 10mL 羟基氰化汞溶液，用硫酸标准溶液滴定到溶液由绿色变钢灰色，记下硫酸标准溶液的用量，按式（8-14）计算全硫含量：

$$w_{ad}(S)_t = w_{ad}(S)_t^n - \frac{C \times V_2 \times 0.016}{m} \times 100 \tag{8-14}$$

式中　$w_{ad}(S)_t$——一般分析煤样中全硫质量分数，%；

$w_{ad}(S)_t^n$——按式（8-12）或式（8-13）计算的全硫质量分数，%；

C——硫酸标准溶液的浓度，mol/L；

V_2——硫酸标准溶液的用量，mL；

0.016——硫$\left[\dfrac{1}{2}S\right]$的摩尔质量，g/mmol；

m——煤样质量，g。

C 数据记录及结果

数据记录及结果处理见表 8-11。

表 8-11 煤中全硫含量的测定 年 月 日

煤样名称		煤样来源		
瓷舟编号	瓷舟质量/g	瓷舟＋煤样质量/g		煤样质量/g
氢氧化钠用量 /mL	空白试验	煤样测定	重复实验/%	平均值/%
		$w_{ad}(S)_t =$		$\overline{w_{ad}(S)_t} =$
		$w_{ad}(S)_t =$		

实验人员_____

8.2.2.6 测定精密度

高温燃烧中和法全硫含量的测定精密度见表 8-12。

表 8-12 高温燃烧中和法全硫含量的测定精密度

全硫质量分数 $w(S)_t$	重复性限 $w_{ad}(S)_t$	再显性临界差 $w_d(S)_t/\%$
≤1.50	0.05	0.15
1.50～4.00	0.10	0.25
>4.00	0.20	0.35

8.2.2.7 注意事项

（1）羟基氰化汞水溶液不稳定，因此配制后应在 7d 内使用，需储存于棕色瓶中。羟基氰化汞为易爆的剧毒品，在接触火焰和敲击时都会发生爆炸，因此使用时应特别小心。

（2）氧气流量太大，可能使硫氧化物气体通过吸收液时来不及吸收即被带走，但当氧气流量降到 200mL/min 时，由于吸收液中吸收了二氧化碳，使终点不易确定，所以有的结果偏高。适当加大氧气流量可以促使溶液中碳酸分解，并将二氧化碳带走，因此，确定氧气流量为 350mL/min。

氧气供给可采用容量为 30～50L 储气筒，也可用氧气钢瓶，经过减压阀，直接将氧气通入测试系统。

8.2.3 煤中氮的测定

煤中氮含量为 0.5%～2%，对煤的燃烧影响不大。但是氮在适当燃烧条件下会生成氮的氧化物，形成酸雨，污染大气；在炼焦工业中，煤中的氮是生成氨水的有效成分，因此需要了解煤中氮含量的高低。

GB/T 19227—2008 规定了煤中氮的测定方法有半微量开氏法和半微量蒸汽法。开氏法适用于褐煤、烟煤、无烟煤和水煤浆；蒸汽法适用于烟煤、无烟煤和焦炭。本实验采用半微量开氏法。

8.2.3.1　实验目的

（1）掌握半微量开氏法测定煤中氮的基本原理；

（2）熟练掌握半微量开氏法测定煤中氮含量的方法和具体步骤；

（3）进一步训练和加强化学分析基础理论和操作技能。

8.2.3.2　方法原理

称取一定量的空气干燥煤样加入混合催化剂和硫酸，加热分解，氮转化为硫酸氢铵。加入过量的氢氧化钠溶液，把氨蒸出并吸收在硼酸溶液中。用硫酸标准溶液滴定，根据硫酸的用量，计算样品中氮的含量。

8.2.3.3　试剂与仪器

（1）混合催化剂：将无水硫酸钠、硫酸汞和化学纯硒粉按质量比 64：10：1，（如 $32g+5g+0.5g$）混合，研细且混匀后备用；

（2）硫酸：化学纯；

（3）高锰酸钾或铬酸酐；

（4）蔗糖：化学纯；

（5）无水碳酸钠：优级纯、基准试剂或碳酸钠纯度标准物质；

（6）混合碱溶液：将氢氧化钠 370g 和硫化钠 30g 溶解于水中，配制成 1000mL 溶液；

（7）硼酸溶液：30g/L，将 30g 硼酸溶入 1L 热水中，配制时加热溶解并滤去不溶物；

（8）硫酸标准溶液：$c(1/2H_2SO_4) = 0.025mol/L$；

（9）甲基橙指示剂：1g/L，0.1g 甲基橙溶于 100mL 水中；

（10）甲基红和亚甲基蓝混合指示剂；

（11）消化装置；

（12）开氏瓶：容量 50mL；

（13）短颈玻璃漏斗：直径约 30mm；

（14）加热体：具有良好的导热性能以保证温度均匀；使用时四周以绝热材料缠绕，如石棉绳等；

（15）加热炉：带有控温装置，能控温在 350℃。

8.2.3.4　测定步骤

（1）在薄纸（擦镜纸或其他纯纤维纸）上称取粒度小于 0.2mm 的空气干燥煤样 $(0.2 \pm 0.01)g$（称准至 0.0002g）。把试样包好，放入 50mL 开氏瓶中，加入混合催化剂 2g 和浓硫酸 5mL。然后将开氏瓶放入铝加热体的孔中，并在瓶口插入一短颈玻璃漏斗。在铝加热体（见图 8-11）的中心小孔中插入热电偶。接通放置铝加热体的圆盘电炉的电源，缓

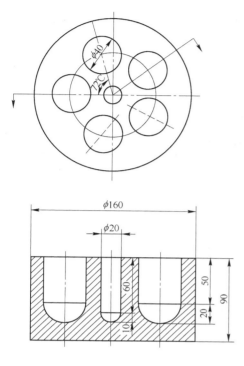

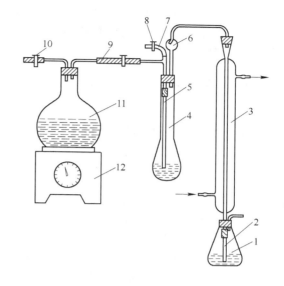

图 8-12　蒸馏装置

1—锥形瓶：容量 250mL；2—玻璃管；3—直形玻璃冷凝管：冷却
部分长约 300mm；4—开氏瓶：容量 250mL；5—玻璃管；
6—开氏球：直径约 55mm；7—橡皮管；8—夹子；
9—橡皮管；10—夹子；11—圆底烧瓶：容量 1000mL；
12—加热电炉：额定功率 1000W，功率可调

图 8-11　铝加热体示意图

缓加热到 350℃左右，保持此温度，直到溶液清澈透明，漂浮的黑色颗粒完全消失为止。遇到分解不完全的试样时，可将试样磨细至 0.1mm 以下，再按上述方法消化，但必须加入高锰酸钾或铬酸酐(0.2～0.5)g。分解后如无黑色颗粒物，表示消化完全。

（2）将溶液冷却，用少量蒸馏水稀释后，移至 250mL 开氏瓶中（见图 8-12）。用蒸馏水充分洗净原开氏瓶中的剩余物，洗液并入 250mL 开氏瓶中（当加入铬酸酐消化样品时，需用热水溶解消化物，必要时用玻璃棒将粘物刮下后进行转移），使溶液体积约为 100mL，然后将盛有溶液的开氏瓶放在蒸馏装置上。

（3）将直形玻璃冷凝管的上端与开氏球连接，下端用橡胶管与玻璃管相连，直接插入一个盛有 20mL 硼酸溶液和（2～3）滴混合指示剂的锥形瓶中，管端插入溶液并距瓶底约 2mm。

（4）往开氏瓶中加入 25mL 混合碱溶液，然后通入蒸汽进行蒸馏。蒸馏至锥形瓶中馏出液达到 80mL 左右为止（约 6min），此时硼酸溶液由紫色变成绿色。

（5）拆下开氏瓶并停止供给蒸汽，取下锥形瓶，用水冲洗插入硼酸溶液中的玻璃管，洗液收入锥形瓶中，体积约 110mL。

（6）用硫酸标准溶液滴定吸收溶液至溶液由绿色变成钢灰色即为终点。由硫酸用量计算试样中氮的质量分数。

8.2.3.5　空白试验

（1）更换水、试剂或仪器设备后，应进行空白试验。

（2）用 0.2g 蔗糖代替试样按 8.2.3.4 规定的测定步骤进行空白试验。

（3）以硫酸标准溶液滴定体积相差不超过 0.05mL 的两个空白测定平均值作为当天（或当批）的空白值。

8.2.3.6　实验记录及数据处理

A　煤中氮含量的计算

空气干燥煤样中氮的质量分数按式（8-15）计算：

$$w_{ad}(N) = \frac{c \times (V_1 - V_2) \times 0.014}{m} \times 100 \qquad (8\text{-}15)$$

式中　$w_{ad}(N)$——空气干燥煤样中氮的质量分数，%；

　　　　c——硫酸标准溶液的浓度，mol/L；

　　　　m——分析样品质量，g；

　　　　V_1——样品试验时硫酸标准溶液的用量，mL；

　　　　V_2——空白试验时硫酸标准溶液的用量，mL；

　　0.014——氮的摩尔质量，g/mmol。

测定值和报告值均保留到小数点后两位，其他基准的氮含量按照 GB/T 483 换算。

B　数据记录及结果处理

数据记录及结果处理见表 8-13。

表 8-13　煤中氮含量的测定　　　　　年　　月　　日

煤样名称		煤样来源		
瓷舟编号	瓷舟质量/g	瓷舟+煤样质量/g		煤样质量/g
硫酸标准溶液用量/mL	空白试验	煤样测定	重复实验/%	平均值/%
			$w_{ad}(N) =$	$\overline{w_{ad}(N)} =$
			$w_{ad}(N) =$	

实验人员＿＿＿＿＿＿

8.2.3.7　测定精密度

煤中氮含量的精密度见表 8-14。

表 8-14　煤中氮含量测定精密度

重复性限 $w_{ad}(N)$/%	再现性临界差 $w_d(N)$/%
0.08	0.15

8.2.3.8　注意事项

（1）开氏瓶塞上两个孔的孔径不能太大，否则插入开氏球和三通管后会留下很小的缝隙，使蒸馏产生的氨气逸出，结果偏低。如果开氏球和三通管的插入孔周围有水珠渗出，表明这两个位置可能漏气，可用 pH 试纸检查。若试纸变蓝色，表明漏气，有氨气逸出。

（2）加混合碱液时注意事项。

1）向开氏瓶内加入混合碱液后会发生放热反应。故开始时应慢一些，以免反应过于激烈而冲开瓶塞，使测定结果偏低，随后可适当快一些。

2）加完混合碱液后应马上夹住加液口的夹子，否则会有氨气逸出，使测定结果偏低。

（3）蒸出液为 80mL 左右即可停止蒸馏。若蒸馏时间太长，会使实验时间延长；蒸馏时间太短，则蒸馏反应产生的氨气没有完全析出，使测定结果偏低。

（4）每日在试样分析前蒸馏装置须用蒸汽进行冲洗空蒸，待馏出物体积达 100～200mL 后，再正式放入试样进行蒸馏。蒸馏瓶中水的更换应在每日空蒸前进行，否则，应加入刚煮沸过的蒸馏水。

（5）吸收蒸出液要直接通入硼酸吸收液中，否则会使氨气逸出，测定结果偏低。为此，应将导管插入硼酸吸收液中，并距瓶底 2mm。

（6）用硫酸标准溶液滴定硼酸吸收液时，用甲基红和亚甲基蓝混合指示剂。

8.3 工艺性质实验测定

8.3.1 烟煤胶质层指数的测定

胶质层指数是烟煤煤质的一个重要指标。烟煤胶质层指数的测定反映了煤在受热过程中生成胶质体的数量和特征，能直观表征炼焦过程。本法按照国家标准 GB/T 479—2000 在模拟工业炼焦的条件下进行烟煤胶质层指数的测定。

8.3.1.1 实验目的

（1）掌握胶质层指数测定的原理及具体操作步骤；

（2）了解加热过程中煤杯内煤样的变化特征；

（3）了解焦块技术特征的鉴定。

8.3.1.2 测定原理

按规定将煤样装入煤杯中，煤杯放在特制的电炉内以规定的升温速度进行单侧加热，煤样则相应形成半焦层、胶质层和未软化的煤样层三个等温层面。用探针测量出胶质体的最大厚度 Y，从实验的体积曲线测得最终收缩度 X。

8.3.1.3 实验仪器设备

（1）双杯胶质层指数测定仪。有带平衡砣（见图 8-13）和不带平衡砣（除无平衡砣外，其余构造同图 8-13）两种类型。

（2）程序温控仪。温度低于 250℃时，升温速度约为 8℃/min；250℃以上，升温速度为 3℃/min；在 300～600℃期间，显示温度与应达到的温度差值不超过 5℃，其余时间内不应超过 10℃。也可用电位差计（0.5 级）和调压器来控温。

（3）煤杯。外径 70mm；杯底内径 59mm；从距杯底 50mm 处至杯口的内径为 60mm；从杯底到杯口的高度为 110mm，煤杯用 45 号钢制作。煤杯内杯壁应当光滑，无条痕和缺

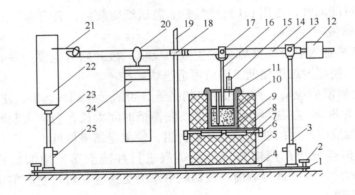

图 8-13　胶质层指数测定仪示意图

1—底座；2—水平螺丝；3—立柱；4—石棉板；5—下部砖垛；6—接线夹；7—硅碳棒；
8—上部砖垛；9—煤杯；10—热电偶铁管；11—压板；12—平衡砝；13，17—活轴；
14—杠杆；15—探针；16—压力盘；18—方向控制板；19—方向柱；
20—砝码转筒；21—记录笔；22—记录转筒；23—记录
转筒支柱；24—砝码；25—固定螺丝

凹，应定期检查平均直径相差不大于 0.5mm，杯底与杯体的间隙也不应大于 0.5mm。

杯底和压力盘的规格及其上的析气孔的布置方式，如图 8-14 所示。

（4）胶质层层面探针（简称探针）：探针由钢针和铝制刻度尺组成，见图 8-15。钢针

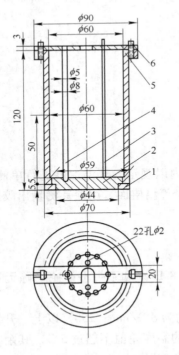

图 8-14　煤杯及其构造

1—杯体；2—杯底；3—细钢丝；
4—热电偶铁管；5—压板；6—螺丝

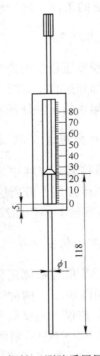

图 8-15　探针（测胶质层层面专用）

直径为 1mm，下端是钝头。刻度尺上刻度的最小单位为 1mm。刻度线应平直清晰，线粗 0.1~0.2mm。对于已装好煤样而尚未进行实验的煤杯，用探针测量其纸管底部位置时，指针应指在刻度尺的零点上。

（5）记录转筒。其转速应以记录笔每 160min 能绘出长度为（160±2）mm 的线段为准，每月应检查一次记录转筒转速，检查时应至少测量 80min 所绘出的线段的长度，并调整到合乎标准。

（6）加热炉。

（7）架盘天平：最大称量 500g，感量 0.5g。

（8）长方形小铲：宽 30mm、长 45mm。

（9）热电偶：镍铬-镍铝电偶，一般每半年校准一次。在更换或重焊热电偶后应重新校准。

（10）仪器的附属设备：焦块的推出器、煤杯清洁机械装置和石棉圆垫切垫机。

8.3.1.4 煤样要求

（1）胶质层测定用的煤样应符合下列规定：缩制方法应符合 GB 474—2008《煤样的制备方法》；煤样应用对辊式破碎机破碎到全部通过 1.5mm 的圆孔筛，但不得过度粉碎。

（2）供确定煤炭牌号的煤样，应一律按 GB 5751—86 中的有关规定进行减灰。

（3）为防止煤的氧化对测定结果的影响，试样应装在磨口玻璃瓶或其他密闭容器中，且放在阴凉处，试验应在制样后不超过半个月内完成。

8.3.1.5 实验准备

（1）煤杯、热电偶管及压力盘上遗留的焦屑等用金刚砂布（3/2 号为宜）人工清除干净，也可用下列机械方法清除。

清洁煤杯用的机械装置如图 8-16 所示。用固定煤杯的特制"杯底"和固定煤杯的螺钉把煤杯固定在连接盘上。启动电动机带动煤杯转动，手持裹着金刚砂布的圆木棍（直径约 56mm、长 240mm）伸入煤杯中，并使之紧贴杯壁，将煤杯上的焦屑除去。杯底及压力

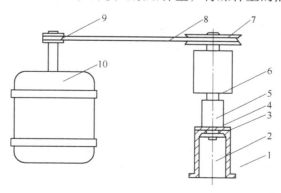

图 8-16 擦煤杯机

1—底座；2—煤杯；3—固定煤杯螺钉；4—固定煤杯的底座；5—连接盘；

6—轴承；7，9—胶带轮；8—胶带；10—电动机

盘上各析气孔应通畅，热电偶管内不应有异物。

（2）纸管制作。在一根细钢棍上用香烟纸黏制成直径为 2.5 ~ 3mm、高度约为 60mm 的纸管。装煤杯时将钢棍插入纸管，纸管下端折约 2mm，纸管上端与钢棍贴紧，防止煤样 进入纸管。

（3）滤纸条。宽约 60mm，长 190 ~ 220mm。

（4）石棉圆垫。用厚度为 0.5 ~ 1.0mm 的石棉纸做两个直径为 59mm 的石棉圆垫。在 上部圆垫上有供热电偶铁管穿过的圆孔和上述纸管穿过的小孔；在下部圆垫上，对应压力 盘上的探测孔处作一标记。

用下列方法切制石棉垫或手工制成。

切垫机如图 8-17 所示。将石棉纸裁成宽度为 63 ~ 65mm 的窄条，把石棉纸放入缝中再放 入机内，用力压手柄，使切刀压下，切割石棉纸，然后松开手柄，推出切好的石棉圆垫。

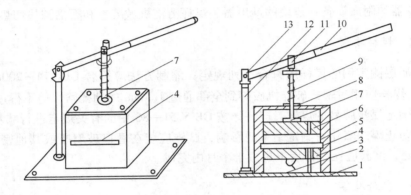

图 8-17　切垫机示意图

1—底座；2，9—弹簧；3—下部切刀；4—石棉纸放入缝；5—切刀外壳；6—上部切刀；

7—压杆；8—垫板；10—手柄；11，13—轴心；12—立柱

（5）体积曲线记录纸。用毫米方格纸做体积曲线记录纸，其高度与记录转筒的高度相 同，长度略大于转筒圆周。

（6）装煤杯。

1）将杯底放入煤杯使其下部凸出部分进入煤杯底部圆孔中，杯底上放置热电偶铁管 的凹槽中心点与压力盘上放热电偶的孔洞中心点对准。

2）将石棉垫铺在杯底上，石棉垫上圆孔应对准杯底上的凹槽，在杯内下部沿壁围一 条滤纸条。

将热电偶铁管插入煤杯底凹槽，把带有香烟纸管的钢棍放在下部石棉圆垫的探测孔标 志处，用压板把热电偶铁管和钢棍固定，并使它们都保持垂直状态。

3）将全部试样倒在缩分板上，掺和均匀，摊成厚约 10mm 的方块。用直尺将方块划 分为许多 30mm × 30mm 左右的小块，用长方形小铲按棋盘式取样法隔块分别取出 2 份试 样，每份试样质量为（100 ± 0.5）g。

4）将每份试样用堆锥四分法分为 4 部分，分 4 次装入杯中。每装 25g 之后，用金属 针将煤样摊平，但不得捣固。

5）试样装完后，将压板暂时取下，把上部石棉圆垫小心地平铺在煤样上，并将露出

的滤纸边缘折复于石棉垫上，放入压力盘，再用压板固定热电偶铁管。将煤杯放入上部砖垛的炉孔中。把压力盘与杠杆连接起来，挂上砝码，调节杠杆到水平。

6）如试样在实验中生成流动性很大的胶质体溢出压力盘，则应重新装样实验。重新装样的过程中，须在折复滤纸后用压力盘压平，并用直径 2～3mm 的石棉绳在滤纸和石棉垫上方沿杯壁和热电偶铁管外壁围一圈，再放上压力盘，使石棉绳把压力盘与煤杯、压力盘与热电偶铁管之间的缝隙严密地堵起来。

7）在整个装样过程中香烟纸管应保持垂直状态。当压力盘与杠杆连接好后，在杠杆上挂上砝码，把细钢棍小心地由纸管中抽出来（可轻轻旋转），务必使纸管留在原有位置。如纸管被拔出，或煤粒进入了纸管（可用探针试出），须重新装样。

（7）用探针测量纸管底部时，将刻度尺放在压板上，检查指针是否指在刻度尺的零点。如不在零点，则有煤粒进入纸管内，应重新装样。

（8）将热电偶置于热电偶铁管中，检查前杯和后杯热电偶连接是否正确。

（9）把毫米方格纸装在记录转筒上，并使纸上的水平线始、末端彼此衔接起来。调节记录转筒的高低，使其能同时记录前、后杯的两个体积曲线。

（10）检查活轴轴心到记录笔尖的距离，并将其调整为 600mm，将记录笔充好墨水。

（11）加热以前按式（8-16）求出煤样的装填高度：

$$h = H - (a - b) \tag{8-16}$$

式中　h——煤样的装填高度，mm；

　　　H——由杯底上表面到杯口的高度，mm；

　　　a——由压力盘上表面到杯口的距离，mm；

　　　b——压力盘和两个石棉圆垫的总厚度，mm。

测量 a 值时，顺煤杯周围在 4 个不同地方共量 4 次，取平均值。H 值应每次装煤前实测，b 值可用卡尺实测。

（12）同一煤样重复测定时装煤高度的允许差为 1mm，超过允许差时应重新装样。报告结果时应将煤样的装填高度的平均值附注于收缩度 X 值之后。

8.3.1.6　实验步骤

（1）当上述准备工作就绪后，打开程序控温仪开关，通电加热，并控制两煤杯杯底升温速度：250℃ 以前为 8℃/min，并要求 30min 内升到 250℃；250℃ 以后为 3℃/min，每 10min 记录一次温度。在 350～600℃ 期间，实际温度与应达到的温度之差不应超过 5℃，在其余时间段内不应超过 10℃，否则，实验作废。

在实验中应按时记录时间和温度。时间从 250℃ 起开始计算，以分为单位。

（2）温度到达 250℃ 时，调节记录笔尖使之接触到记录转筒上，固定其位置，并旋转记录转筒一周，划出一条"零点线"，再将笔尖对准起点，开始记录体积曲线。

（3）对一般煤样，在体积曲线开始下降几分钟后开始测量胶质层层面❶，到温度升至约 650℃ 时停止。当试样的体积曲线呈"山"形或生成流动性很大的胶质体时，其胶质层

---

❶　一般在体积曲线下降约 5mm 时开始测量胶质层上部层面；上部层面测值达 10mm 左右时开始测量下部层面。

层面的测定可适当地提前停止，一般可在胶质层最大厚度出现后再对上下部层面各测 2～3 次即可停止，并立即用石棉绳或石棉绒把压力盘上的探测孔严密地堵起来，以免胶质体溢出。

（4）测量胶质层上部层面时，将探针刻度尺放在压板上，使探针通过压板和压力盘上的专用小孔小心地插入纸管中，轻轻往下探测，直到探针下端接触到胶质层层面（手感有了阻力为上部层面）。读取探针刻度毫米数（为层面到杯底的距离），将读数填入记录表 8-15 中"胶质层上部层面"栏内，并同时记录测量层面的时间。

（5）测量胶质层下部层面时，用探针首先测出上部层面，然后轻轻穿透胶质体层面（手感阻力明显加大为下部层面），将读数填入记录表 8-15 中"胶质层下部层面"栏内，同时记录测量层面的时间。探针穿透胶质层和从胶质层中抽出时，均应小心缓慢从事。在抽出时还应轻轻转动，防止带出胶质体或使胶质层内积存的煤气突然逸出，使其破坏体积曲线的形状和影响层面位置。

（6）根据转筒所记录的体积曲线的形状及胶质体的特性，来确定测量胶质层上、下部层面的频率。

1）当体积曲线呈"之"字形或波形时，体积曲线上升到最高点时测量上部层面，在体积曲线下降到最低点时测量上部层面和下部层面（但下部层面的测量不应太频繁，约每 8～10min 测量一次）。如果曲线起伏非常频繁，可间隔一次或两次起伏，在体积曲线的最高点和最低点测量上部层面，并每隔 8～10min 在体积曲线的最低点测量一次下部层面。

2）当体积曲线呈山形、平滑斜降形或微波形时，上部层面每 5min 测量一次，下部层面每 10min 测量一次。

3）当体积曲线分阶段符合上述典型情况时，上、下部层面测量应分阶段按其特点依上述规定进行。

4）当体积曲线呈平滑斜降形时（属结焦性不好的煤，Y 值一般在 7mm 以下），胶质层上、下部层面往往不明显，总是一穿即达杯底。遇此种情况时，可暂停 20～25min 使层面恢复，然后以每 15min 不多于一次的频率测量上部和下部层面，并力求准确地探测出下部层面的位置。

5）如果煤在实验时形成流动性很大的胶质体，下部层面的测定可稍晚开始，然后每隔 7～8min 测量一次，到 620℃ 也应堵孔。在测量这种煤的上、下部胶质层层面时应特别注意，以免探针带出胶质体或胶质体溢出。

（7）当温度到达 730℃ 时，实验结束。此时调节记录笔离开转筒，关闭电源，卸下砝码，使仪器冷却。

（8）当胶质层测定结束后，必须等上部砖垛完全冷却或更换上部砖垛，方可进行下一次实验。

（9）在实验过程中，当煤气大量从杯底析出时，应不时地向电热元件吹风，使从杯底析出的煤气和炭黑烧掉，以免发生短路，烧坏硅碳棒、镍铬线或影响热电偶正常工作。

（10）如实验时煤的胶质体溢出到压力盘上，或在香烟纸管中的胶质层层面骤然升高，则实验应作废。

（11）推焦：推焦器如图 8-18 所示。仪器全部冷却至室温后，将煤杯倒置在底座的圆孔上，并把煤杯底对准丝杆中心，然后旋转丝杆，直至焦块被推出煤杯为止，尽可能保持焦块的完整。

8.3.1.7 注意事项

（1）装煤样前，煤杯、热电偶管内等相关部件要清除干净，杯底及压力盘上各析气孔应通畅。

（2）装煤样时，热电偶、纸管都必须保持垂直并与杯底标志对准，而且要防止煤样进入纸管。

（3）装好煤样后，用探针测量纸管底部时，指针必须指在刻度尺的零点。

（4）升温速度必须严格按照8.3.1.6实验步骤（1）规定进行，否则实验作废。

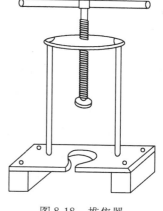

图8-18 推焦器

（5）使用探针测量时，一定要小心缓慢从事，严防带出胶质体或使胶质层内积存的煤气突然逸出而影响体积曲线形状和层面位置。

8.3.1.8 实验记录和数据处理

A 实验数据记录

实验数据的记录如表8-15所示。

表 8-15 胶质层指数实验记录表

煤样编号													装煤高度		前	
煤样来源		收样日期			年 月 日				h/mm					后		
仪器号码		煤杯号码			前 后											
时间/min	0	10	20	30	40	50	60	70	80	90	100	110	120	130	140	150	160
温度/℃ 前	应到															
	实到															
温度/℃ 后	应到															
	实到															

时间/min 前	胶质层层面距杯底的距离/mm		时间/min 后	胶质层层面距杯底的距离/mm	
	上 部	下 部		上 部	下 部

B 曲线的加工及胶质层测定

曲线的加工及胶质层测定结果的确定。

（1）取下记录转筒上的毫米方格纸，在体积曲线上方水平方向标出温度，在下方水平方向标出"时间"作为横坐标。在体积曲线下方、温度和时间坐标之间留一适当位置，在其左侧标出层面距杯底的距离作为纵坐标。根据记录表 8-15 上所记录的各个上、下部层面位置和相应的"时间"数据，按坐标在图纸上标出"上部层面"和"下部层面"的各点，分别以平滑的线加以连接，得出上、下部层面曲线。如按上法连成的层面曲线呈"之"字形，则应通过"之"字形部分各线段的中部连成平滑曲线作为最终的层面曲线，如图 8-19 所示。

（2）取胶质层上、下部层面曲线之间沿纵坐标方向的最大距离（读准到 0.5mm）作为胶质层最大厚度 Y，如图 8-19 所示。

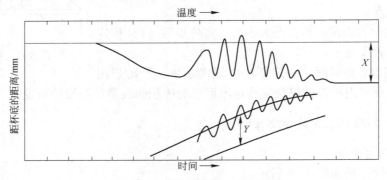

图 8-19　胶质层曲线加工示意图

（3）取 730℃时体积曲线与零点线间的距离（读准到 0.5mm）作为最终收缩度 X，如图 8-20 所示。

（4）在整理完毕的曲线图上，标明试样的编号，贴在记录表上一并保存。

（5）体积曲线的类型及名称表示见图 5-4。

（6）在报告 X 值时，应按本标准的规定注明试样装填高度。如果测得的胶质层厚度为零，在报告 Y 值时应注明焦块的熔合状况。必要时，应将体积曲线及上、下部层面曲线的复制图附在结果报告上。

（7）报告时取前杯和后杯重复测定的算术平均值，计算到小数后一位，然后修约到 0.5，作为实验结果报出。

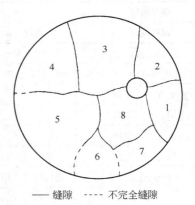

—— 缝隙　　---- 不完全缝隙

图 8-20　单体焦块和缝隙示意图

C　焦块技术特征的鉴定

焦块技术特征的鉴别方法如下。

（1）缝隙的鉴定以焦块底面（加热侧）为准，一般以无缝隙、少缝隙和多缝隙三种特征表示，并附以底部缝隙示意图，如图 8-20 所示。

无缝隙、少缝隙和多缝隙按单体焦块数的多少区分如下（单体焦块数是指裂缝把焦块底面划分成的区域数。当一条裂缝的一小部分不完全时，允许沿其走向延长，以清楚地划出区域。如图 8-20 所示焦块的单体数为 8 块，虚线为裂缝沿走向的延长线）。

单体焦块数为 1 块——无缝隙；

单体焦块数为 2 ~ 6 块——少缝隙；

单体焦块数为 6 块以上——多缝隙。

（2）孔隙指焦块剖面的孔隙情况，以小孔隙、小孔隙带大孔隙和大孔隙很多来表示。

（3）海绵体指焦块上部的蜂焦部分，分为无海绵体、小泡状海绵体和敞开的海绵体。

（4）绽边如图 8-21 所示，指有些煤的焦块由于收缩应力而裂成的裙状周边，依其高度分为无绽边、低绽边（约占焦块全高 1/3 以下）、高绽边（约占焦块全高 2/3 以上）、中等绽边（介于高绽边和低绽边之间）。

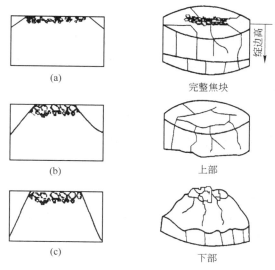

图 8-21　焦块绽边示意图
（a）低绽边；（b）中等绽边；（c）高绽边

海绵体和焦块绽边的情况应记录在表 8-16 上，以剖面图表示。

（5）色泽以焦块断面接近杯底部分的颜色和光泽为准。焦色分黑色（不结焦或凝结的焦块）、深灰色、银灰色等。

（6）熔合情况分为粉状（不结焦）、凝结、部分熔合、完全熔合等。

将焦块技术特征填入表 8-16，并画出焦块缝隙（平面图）和海绵体绽边（剖面图）。

表 8-16　焦块技术特征统计表　　　　　　年　月　日

煤样编号		煤样来源	
缝　隙		色　泽	
孔　隙		海绵体	
绽　边		熔合状况	
胶质层厚度/mm		体积曲线形状	
成焦率　前_____％；后_____％			
附注：			

实验人员_____

8.3.1.9　方法精密度

烟煤胶质层指数测定方法的精密度如表 8-17 所示。

表 8-17　方法精密度

参　数	重复性限
$Y \leqslant 20\text{mm}$	1mm
$Y > 20\text{mm}$	2mm
X 值	3mm

8.3.2　烟煤黏结指数的测定

黏结指数是在罗加指数基础上改进的一种测定烟煤黏性的方法，其单次测定时间缩短，对各种煤的区分灵敏度有所提高，是判断烟煤黏结性和结焦性的一个重要指标，本法按照国家标准 GB/T 5447—1997 测定焦块的耐磨强度来评定烟煤的黏结性。

8.3.2.1　实验目的

（1）掌握测定烟煤黏结指数的原理和具体操作步骤；
（2）了解烟煤黏结指数在不同条件下的结果计算。

8.3.2.2　测定原理

将一定质量的试验煤样和符合 GB 14181—1997 规定要求的专用无烟煤，在规定的条件下混合，快速加热成焦，所得焦块在如图 8-22 所示的转鼓内进行强度检验，用式（8-17）或式（8-18）计算黏结指数，以表示试验煤样的黏结能力。

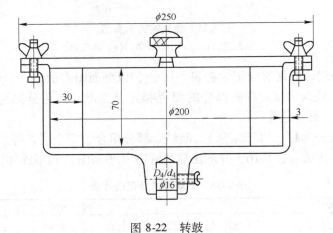

图 8-22　转鼓

8.3.2.3　实验仪器设备

（1）分析天平：感量 0.001g。
（2）马弗炉：具有均匀加热带，其恒温区(850 ± 10)℃，长度不小于 120mm，并附有调压器或定温控制器。
（3）转鼓实验装置：包括 2 个转鼓、1 台变速器和 1 台电动机，转鼓转速必须保证(50 ± 2)r/min。转鼓内径 200mm、深 70mm，壁上铆有 2 块相距 180°、厚为 3mm 的挡板，见图 8-22。

（4）压力器：以 6kg 质量压紧试验煤样与专用无烟煤混合物。

（5）坩埚及坩埚盖：瓷质。

（6）搅拌丝：由直径 1～1.5mm 的硬质金属丝制成。

（7）压块：镍铬钢制成，质量为 110～115g。

（8）圆孔筛：筛孔直径 1mm。

（9）坩埚架：由直径 3～4mm 镍铬丝制成。

（10）秒表。

（11）干燥器。

（12）镊子。

（13）刷子。

（14）带手柄平铲或夹子：送取盛样坩埚架出入马弗炉用。手柄长 600～700mm、平铲外形尺寸（长×宽×厚）约为 200mm×20mm×1.5mm。

8.3.2.4 煤样要求

（1）试验煤样按 GB 474—2008 制备成粒度小于 0.2mm 的空气干燥煤样，其中 0.1～0.2mm 的煤粒占全部煤样的 20%～35%。煤样粉碎后，在实验前应混合均匀。

（2）试验煤样应装在密封的容器中，制样后到实验时间不应超过一星期。如超过一星期，应在报告中注明制样和实验时间。

8.3.2.5 实验步骤

（1）先称取 5g 专用无烟煤，再称取 1g 试验煤样放入坩埚，质量应称准至 0.001g。

（2）用搅拌丝将坩埚内的混合物搅拌 2min。搅拌方法是：坩埚做 45°左右倾斜，逆时针方向转动，每分钟约 15 转，搅拌丝按同样倾角做顺时针方向转动，每分钟约 150 转，搅拌时，搅拌丝的圆环接触坩埚壁与底相连接的圆弧部分。约经 1min 45s 后，一边继续搅拌，一边将坩埚与搅拌丝逐渐转到垂直位置，约 2min 时，搅拌结束，亦可用达到同样搅拌效果的机械装置进行搅拌。在搅拌时，应防止煤样外溅。

（3）搅拌后，将坩埚壁上煤粉用刷子轻轻扫下，用搅拌丝将混合物小心地拨平，并使沿坩埚壁的层面略低 1～2mm，以便压块将混合物压紧后，使煤样表面处于同一平面。

（4）用镊子夹压块于坩埚中央，然后将其置于压力器下，将压杆轻轻放下，静压 30s。

（5）加压结束后，压块仍留在混合物上，加上坩埚盖。注意从搅拌时开始，带有混合物的坩埚，应轻拿轻放，避免受到撞击与振动。

（6）将带盖的坩埚放置在坩埚架中，用带手柄的平铲或夹子托起坩埚架，放入预先升温到 850℃ 的马弗炉内的恒温区。要求 6min 内，炉温应恢复到 850℃，以后炉温应保持在（850±10）℃。从放入坩埚开始计时，焦化 15min 之后，将坩埚从马弗炉中取出，放置冷却到室温。若不立即进行转鼓实验，则将坩埚放入干燥器中。马弗炉温度测量点，应在两行坩埚中央。炉温应定期校正。

（7）从冷却后的坩埚中取出压块。当压块上附有焦屑时，应刷入坩埚内。称量焦渣总质量，然后将其放入转鼓内，进行第一次转鼓实验，转鼓实验后的焦块用 1mm 圆孔筛进行筛分，再称量筛上物的质量，然后，将其放入转鼓进行第二次转鼓实验，重复筛分、称量操作。每次转鼓实验 5min 即 250 转。质量均称准至 0.01g。

8.3.2.6　注意事项

（1）焦化前，一定要按要求将坩埚内的煤样搅拌均匀，并防止搅拌过程中煤样外溅。

（2）从搅拌开始，带有混合物的坩埚一定要轻拿轻放，避免受到撞击与振动。

（3）严格按照实验操作步骤 8.3.2.5（6）规定控制焦化温度。

8.3.2.7　实验记录和数据处理

A　黏结指数

黏结指数 G 按式（8-17）计算：

$$G = 10 + \frac{30m_1 + 70m_2}{m} \tag{8-17}$$

式中　m_1——第一次转鼓实验后，筛上物的质量，g；

　　　m_2——第二次转鼓实验后，筛上物的质量，g；

　　　m——焦化处理后焦渣总质量，g。

计算结果取到小数点后第一位。

B　补充实验

当测得的 G 小于 18 时，需重做实验。此时，试验煤样和专用无烟煤的比例改为 3∶3。即 3g 试验煤样和 3g 专用无烟煤。其余步骤均和上述步骤相同。结果按式（8-18）计算：

$$G = \frac{30m_1 + 70m_2}{5m} \tag{8-18}$$

式中，符号意义均与式（8-17）相同。

C　实验记录及数据处理

实验记录及数据处理见表 8-18。

表 8-18　黏结指数测定结果　　　　　　　年　月　日

煤样编号				煤样来源		
煤样质量	m/g	m_1/g	m_2/g		G	$\overline{G}=$

实验人员＿＿＿＿＿

8.3.2.8　实验精密度

黏结指数测定结果的精密度见表 8-19。

表 8-19　黏结指数测定的精密度

黏结指数（G 值）	重复性（G 值）	再现性（G 值）
≥18	≤3	≤1
<18	≤1	≤2

以重复实验结果的算术平均值，作为最终结果。报出结果取整数。

8.3.3　烟煤奥阿膨胀度的测定

奥阿膨胀度与其他指标相比能较好地区分中等以上黏结性煤，特别是强黏结性煤，是国内外煤炭分类的重要指标。奥阿膨胀度实验是直接测定烟煤黏结性的一种重要方法，无须添加任何惰性物。它不仅能反映胶质体的量，还能反映胶质体的质。本法按照国家标准 GB/T 5450—1997 是以慢速加热来测定烟煤的黏结性。

8.3.3.1　实验目的

（1）掌握奥阿膨胀度实验的原理和具体操作步骤；

（2）能准确分析软化温度 T_1、膨胀温度 T_2、固化温度 T_3、最大收缩度 a 和最大膨胀度 b；

（3）了解不同煤质的膨胀曲线类型。

8.3.3.2　测定原理

将试验煤样按规定方法制成一定规格的煤笔，放在一根标准口径的管子（膨胀管）内，其上放置一根能在管内自由滑动的钢杆（膨胀杆）。将上述装置放在专用的电炉内，以规定的升温速度加热，记录膨胀杆的位移曲线。以位移曲线的最大距离占煤笔原始长度的百分数，表示煤样膨胀度 b 的大小。

8.3.3.3　实验仪器设备

A　测试记录设备

（1）膨胀管及膨胀杆：见图 8-23，膨胀管由冷拔无缝不锈钢管加工而成，其底部带有不漏气的丝堵。膨胀杆是由不锈钢圆钢加工而成。膨胀杆和记录笔的总质量应调整到（150 ± 5）g。

（2）电炉：由带有底座、顶盖的外壳与一金属炉芯构成。炉芯由能耐氧化的铝青铜金属块制成，在金属块上包裹云母，再绕上电炉丝，炉丝外面再包裹云母。金属块上有两个直径 15mm、深 350mm 的圆孔，用以插入膨胀管。另有直径 8mm、深 320mm 的圆孔，用以放置热电偶。炉芯与外壳之间充填保温材料。电炉的使用功率不应小于 1.5kW，以满足在 300~550℃范围内的升温速度不低于 5℃/min 的要求。电炉的使用温度为 0~600℃。

（3）程序温控仪和自动记录装置：升温速度 3℃/min 时，控温精度应满足 5min 内温升（15 ± 1）℃要求。也可用电位差计（0.5 级）和调压器。

电位差计精度 0.5 级，量程 0~24.902mV，调

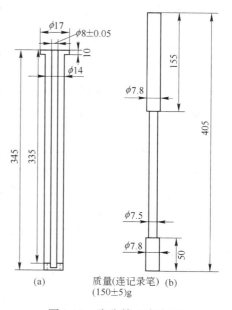

图 8-23　膨胀管及膨胀杆

（a）膨胀管；（b）膨胀杆

压的容量 3kV·A。

（4）记录转筒：周边速度应为 1mm/min。

B　制备煤笔的设备

（1）成形模及其附件，内部光滑，带有漏斗和模座。

（2）量规，用以检查模子的尺寸。

（3）成形打击器。

（4）脱模压力器及其附件。

（5）切样器。

C　辅助用具

（1）膨胀管清洁工具：由直径约 6mm 头部呈斧形的金属杆、铜丝网刷和布拉刷组成，以便从膨胀管中挖出半焦。铜丝网刷由 0.175mm（80 目）的铜丝网绕在直径 6mm 的金属杆上，用以擦去黏附在管壁上的焦末。布拉刷由适量的纱布系一根金属丝构成。各清洁工具总长度不应小于 400mm。

（2）成形模清洁工具：由试管和布拉刷组成。试管刷直径 20～25mm，布拉刷由适量的纱布系上一根长约 150mm 的金属丝构成。

（3）涂蜡棒：尺寸与成形模相配的金属棒。

（4）托盘天平：最大称量 500g，感量 0.5g。

（5）酒精灯。

D　仪器的校正和检查

（1）炉孔温度的校正。采用对比每一孔中膨胀计管内的温度与测温孔内的温度的办法来进行校正。

在实验所规定的升温速度下，使热电偶在膨胀管孔内的热接点与管底上部 30mm 处的管壁接触，然后测量测温孔与膨胀管内的温度差。根据差值对实验时读取的温度进行校正。

（2）电炉温度场的检查。在电炉的测温孔及膨胀管内各置一热电偶，以 5℃/min 的升温速度加热，在 400～550℃ 范围内，每 5min 记录一次两个热电偶的差值。改变膨胀管内热电偶的位置。在膨胀管底部往上 180mm 工具总长内，至少测定 0mm、60mm、120mm、180mm 4 点。计算各点两个热电偶差值的平均值，各点之间平均值之差应符合 8.3.3.3A（2）中规定。

（3）成形模的检查。可用量规检查实验中所用模子的磨损情况，同样也可用于检查新的模子。如果将量规从被检查模子的大口径一端插入，可以观察到：

有两条线时，则模子过小，应重新加工；有一条线时，模子适合使用；没有线时，则模子已磨损，应予以更换。

（4）膨胀管检查。将已做了 100 次测定后的膨胀管及膨胀杆，与一套新的膨胀管和膨胀杆所测得的 4 个煤样结果相比较。如果平均值大于 3.5（不管正负号），则弃去旧管、旧杆。如果膨胀管、膨胀杆仍然适用，则以后每测定 50 次再重新检查一次。

8.3.3.4　试样的制备和贮存

（1）按 GB 474 将 3mm 的空气干燥煤样，破碎至通过 0.2mm 筛子。制备时应控制试样的粒度组成符合下列要求：

    <0.20mm：100%；

    <0.10mm：70%～85%；

    <0.06mm：55%～70%。

煤粒过细或过粗都会影响测定结果。

（2）由于煤的氧化对膨胀度的测定结果影响很大，试样必须妥善保存，尽量减少与空气的接触，一般应装在带磨口的玻璃瓶中，且放在阴凉处。实验应在制样后 3d 内完成。若不能在 3d 内完成，试样应放在真空干燥器或氮气中储存或将煤样瓶封闭好储放在冰箱中冷藏，且不超过一周，否则应报废。

8.3.3.5 实验步骤

A 煤笔的制备

用布拉刷擦净成形模，并用涂蜡棒在成形模内壁上涂一层薄蜡。称取制备好的试样 4g，放在小蒸发皿中，用 0.4mL 水润湿试样，迅速混匀，并防止有气泡存在。然后将模子的小口径一端向下，放置在模座上，并将漏斗套在大头上。用牛角勺将试样顺着滑边拔下，直到装满模子，将剩余的试样刮回小蒸发皿中。将打击导板水平压在漏斗上，用打击杆沿垂直方向压实试样（防止试样外溅或卡住打击杆）。

将整套成形模放在打击器下，先用长打击杆打击 4 下，然后加入试样再打击 4 下；依次使用长、中、短 3 种打击杆各打击 2 次（每次 4 下，共 24 下）。

移开打击导板和漏斗，取下成形模，将出模导器套在相对应的模子小口径的一端，将接样管套在模子的另一端，再将出模活塞插入出模导器。然后将这整套装置置于脱模压力器中，用压力器将煤笔推入接样管中。当推出有困难时，需将出模活塞取出擦净。当无法将煤笔推出时，需用铝丝或铜丝将模子中煤样挖出，重新称取试样制备煤笔（遇到脱模困难的煤，应适当增加水量）。

将装有煤笔的接样管放在切样器槽中，用打击杆将其中的煤笔轻轻地推入切样器的煤笔槽中，在切样器中部插入固定片使煤笔细的一端与其靠紧，用刀片将伸出煤笔槽部分的煤笔（即长度大于 60mm 的部分）切去。将煤笔长度调整到（60±0.25）mm。

将制备好的煤笔小头向上从膨胀管的下端轻轻推入膨胀管中，再将膨胀杆慢慢插入膨胀管中。当试样的最大膨胀度超过 300% 时，改为半笔实验，即将长 60mm 的煤笔从两头各切掉 15mm，留下中间的 30mm 进行实验。

B 膨胀度的测定

将电炉预先升温至一定温度，其预升温度根据试样挥发分大小可有所不同，如表 8-20 所示。

表 8-20 不同煤样所需预升的温度

$V_{daf}/\%$	预升温度/℃
<20	380
20～26	350
>26	300

　　将装有煤笔的膨胀管放入电炉内，再将记录笔固定在膨胀杆的顶端，并使记录笔尖与转筒上的记录纸接触。调节电流使炉温在 7min 内恢复到入炉时的温度。然后以 3℃/min 的速度升温。必须严格控制升温速度，满足每 5min 温升 (15 ± 1)℃的要求，每 5min 记录一次温度。

　　待试样开始固化（膨胀杆停止移动）后，继续加热 5min，然后停止加热。并立即将膨胀管和膨胀杆从炉中取出，分别垂直放在架子上（不能平放，以免膨胀管、膨胀杆变形）。

　　C　膨胀管和膨胀杆的清洁

　　（1）膨胀管。卸去管底的丝堵，用头部呈斧形的金属杆除去管内的半焦，然后用铜丝网刷清除管内残留的半焦粉，再用布拉刷擦净，直到内壁光滑明亮为止。当管子不易擦净时，可用其他适当的溶剂装满管子，浸泡数小时后再擦洗。

　　（2）膨胀杆。用细砂纸擦去黏附在膨胀杆上的焦油渣，并注意不要将其边缘的棱角磨圆。最后检查膨胀杆能否在膨胀管中自由滑动。

8.3.3.6　注意事项

　　（1）实验前，一定要用细砂纸将膨胀管内壁及膨胀杆擦至光滑明亮并使膨胀杆能在膨胀管中自由滑动。

　　（2）制备煤笔时，一定要防止气泡进入。

　　（3）实验过程中，必须严格按步骤控制升温速度并能准确记录各实验数据。

　　（4）由于煤的氧化对膨胀度的测定结果影响很大，试样必须妥善保存，尽量减少与空气的接触，一般应装在带磨口的玻璃瓶中，且放在阴凉处。实验应在制样后 3d 内完成。若不能在 3d 内完成，试样应放在真空干燥器或氮气中储存或将煤样瓶封闭好储放在冰箱中冷藏，且不超过一周，否则作废。

8.3.3.7　实验记录和数据处理

　　根据实验记录曲线并参考典型膨胀曲线如图 8-24 所示，算出下面 5 个基本参数：

　　（1）软化温度 T_1；

　　（2）开始膨胀温度 T_2；

　　（3）固化温度 T_3；

　　（4）最大收缩度 a；

　　（5）最大膨胀度 b。

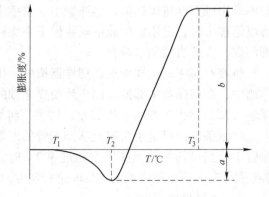

图 8-24　典型膨胀曲线

　　煤的性质不同，膨胀的高低、快慢也不相同，而膨胀杆运动的状态和位置与煤的性质有密切的关系，具体内容见 5.1 节的相关内容。

　　实验结果均取两次重复测定的算术平均值，计算结果修约到小数点后一位，报出结果取整数。

8.3.3.8　方法精密度

　　烟煤奥阿膨胀度测定方法的精密度如表 8-21、表 8-22 所示。

表 8-21 烟煤的奥阿膨胀度测定 年 月 日

煤样编号							
$T_1/℃$							
$T_2/℃$							
$T_3/℃$							
a							
b							

$\overline{Y} =$

实验人员＿＿＿＿＿

表 8-22 烟煤奥阿膨胀度测定精密度

参 数	重复性限	再现性临界差
软化温度 T_1 开始膨胀温度 T_2 固化温度 T_3	7	15
膨胀度 b	$5\left(1 + \dfrac{\bar{b}}{100}\right)$	$5\left(2 + \dfrac{\bar{b}}{100}\right)$

8.3.4 煤的发热量测定

煤的发热量是煤按热值计价的基础指标。煤作为动力燃料，主要是利用煤的发热量，发热量愈高，其经济价值愈大。同时发热量也是计算热平衡、热效率和煤耗的依据，以及锅炉设计的参数。本实验按国家标准 GB/T 213—2008 煤的发热量测定规定操作。

8.3.4.1 实验目的

（1）通过实验了解煤的发热量测定原理及恒温式热量计测定煤发热量的步骤和方法；
（2）学会热量计的安装与使用方法；
（3）知道热容量及仪器常数的标定方法。

8.3.4.2 实验原理

将一定质量的空气干燥煤样放入特制的氧弹（耐热、耐压、耐腐蚀的镍铬或镍铬钼合金钢制成）中，向氧弹中充入过量的氧气，将氧弹放入已知热容量的盛水内筒中，再将内筒置入盛满水的外筒中。利用电流加热弹筒内的金属丝使煤样引燃，煤样在过量的氧气中完全燃烧，其产物为 CO_2、H_2O、灰以及燃烧后被水吸收形成的 H_2SO_4 和 HNO_3 等，燃烧产生的热量被内筒中的水吸收，通过测量内筒温度升高数值，并经过一系列的温度校正后，就可以计算出单位质量的煤完全燃烧所产生的热量。即弹筒发热量 $Q_{b,ad}$，弹筒发热量是指单位质量的试样在充有过量氧气的氧弹内燃烧，其燃烧产物组成为氧气、氮气、二氧化碳、硝酸和硫酸、液态水以及固态灰时放出的热量。弹筒发热量是在恒定容积下测定的，属于恒容发热量。

8.3.4.3 实验仪器设备

A 恒温式热量计

（1）氧弹由耐热、耐腐蚀的镍铬或镍铬铟合金钢制成，需具备三个主要性能：

1）不受燃烧过程中出现的高温和腐蚀性产物的影响而产生热效应；

2）能承受充氧压力和燃烧过程中产生的瞬时高压；

3）实验过程中能保持完全气密。

（2）内筒用紫铜、黄铜或不锈钢制成。筒内装水 2000～3000mL，以能浸没氧弹（进、出气阀和电极除外）为准。内筒外面应电镀抛光，以减少与外筒间的辐射作用。

（3）外筒为金属制成的双壁容器，并有上盖。外筒底部设有绝缘支架，以便放置内筒。恒温式热量计配置恒温式外筒。盛满水的外筒的热容量应不小于热量计热容量的 5 倍，应保持实验过程中外筒温度基本恒定。在外筒的外面可加绝缘保护层，以减少室温波动对实验的影响。用于外筒的温度计应有 0.1K 的最小分度值。

（4）搅拌器为螺旋桨式，转速 400～600r/min 为宜。搅拌效率应能使热容量标定中由点火到终点的时间不超过 10min，同时又要避免产生过多的搅拌热（当内、外筒温度和室温一致时，连续搅拌 10min 所产生的热量不应超过 120J）。

（5）量热温度计。

1）玻璃水银温度计。常用的玻璃水银温度计有两种：一种是固定测温范围的精密温度计，一种是可变测温范围的贝克曼温度计。两者的最小分度值应为 0.01K。使用时应根据检定证书中的修正值做必要的校正。两种温度计都应进行刻度修正（贝克曼温度计称为孔径修正）。另外，贝克曼温度计还要进行"平均分度值"的修正。

2）数字显示温度计可代替传统的玻璃水银温度计，这些温度计是由诸如铂电阻、热敏电阻以及石英晶体共振器等配备合适的电桥，零点控制器、频率计数器或其他电子设备构成，它们应能提供符合要求的分辨率，这些温度计的短期重复性不应超过 0.001K，6 个月内的长期漂移不应超过 0.05K，线性温度传感器在发热量测定中引起的偏倚比非线性温度传感器的小。

B　附属设备

（1）温度计读数放大镜和照明灯。为了使温度计读数能估计到 0.001K，需要一个大约 5 倍的放大镜，通常放大镜装在一个镜筒中，筒的后部装有照明灯，用以照明温度计的刻度。镜筒借适当装置可沿垂直方向上、下移动，以便跟踪观察温度计中水银柱的位置。

（2）振荡器。电动振荡器用以在读取温度前振动温度计，以克服水银柱和毛细管之间的附着力。如无此装置，可用套有橡皮管的细玻璃棒等敲击温度计。

（3）燃烧皿。燃烧皿以铂制品最理想，一般可用镍铬钢制品。规格可采用高 17～18mm，底部直径 19～20mm，上部直径 25～26mm，厚 0.5mm。其他合金钢或石英制的燃烧皿也可使用。但以能保证试样燃烧完全而本身又不受腐蚀和产生热效应为原则。

（4）压力表和氧气导管。压力表应由两个表头组成，一个指示氧气瓶中的压力，另一个指示充氧时氧弹内的压力。表头上应装有减压阀和保险阀。压力表每年应经计量机关至少检定一次，以保证指示正确和操作安全。压力表通过内径 1～2mm 的无缝钢管与氧弹连接，以便导入氧气。压力表和各连接部分禁止与油脂接触或使用润滑油。如不慎沾污，必须依次用苯和酒精清洗，并待风干后再用。

（5）点火装置。点火采用 12～24V 的电源，可由 220V 交流电源经变压器供给。线路中应接一个调节电压的变阻器和一个指示点火情况的指示灯或电流计。

（6）压饼机。螺旋式或杠杆式压饼机能压制直径 10mm 的煤饼或苯甲酸饼。模具及压杆应用硬质钢制成，表面光洁，易于擦拭。

C 天平
（1）分析天平：感量 0.0001g。
（2）工业天平：载量 4~5kg，感量 1g。

8.3.4.4 实验试剂和材料

（1）氧气：99.5% 纯度，不含可燃成分，不允许使用电解氧。压力足以使氧弹充氧至 3.0MPa。
（2）氢氧化钠标准溶液：浓度为 0.1mol/L。
（3）甲基红指示剂 2g/L。
（4）苯甲酸：经计量机关检定并标明热值的苯甲酸。
（5）点火丝：直径 0.1mm 左右的铂、铜、镍丝或其他已知热值的金属丝，如使用棉线，则应选用粗细均匀，不涂蜡的白棉绒。各种点火丝放出的热量如下：
铁丝：6700J/g；镍铬丝：6000J/g；钢丝：2500J/g；棉线：17500J/g。
（6）酸洗石棉绒：使用前在 800℃ 下灼烧 30min。
（7）擦镜纸：使用前先测出其燃烧热。

8.3.4.5 实验步骤

A 恒温式热量计法
（1）按使用说明书安装调节热量计。
（2）在燃烧皿中精确称取粒度小于 0.2mm 的空气干燥煤样 0.9~1.1g（称准至 0.0001g）。

对于燃烧时易飞溅的试样，可先用已知质量和热值的擦镜纸包紧再进行测试，或先在压饼机上压饼并切成 2~4mm 的小块使用。对于不易完全燃烧的试样，可先在燃烧皿底部铺一个石棉垫，或用石棉绒做衬垫（先在燃烧皿底部铺一层石棉绒，并用手压实以防煤样掺入）。如加衬垫后仍燃烧不完全，可提高充氧压力至 3.2MPa，或用已知质量和热值的擦镜纸包裹称好的试样并用手压紧，然后放入燃烧皿中。

（3）在熔断式点火情况下，取一段已知质量的点火丝，把两端分别接在氧弹的两个电极柱上，点火丝和电极柱必须接触良好。再把盛有试样的燃烧皿放在支架上，调节点火丝使之下垂至刚好与试样接触，对于易飞溅或易燃的煤，点火丝应与试样保持微小的距离。特别要注意，不能使点火丝接触燃烧皿，以免发生短路导致点火失败，甚至烧毁燃烧皿。同时还应防止两电极之间以及燃烧皿与另一电极之间的短路。当用棉线点火时，把棉线的一端固定在已连接到两电极柱上的点火丝上（最好夹紧在点火丝的螺旋中），另一端搭接在试样上，根据试样点火的难易，调节搭接的程度。对于易飞溅的煤样，应保持微小的距离。

往氧弹中加入 10mL 蒸馏水，小心拧紧氧弹，注意避免因震动而改变燃烧皿和点火丝的位置。接通氧气导管，往氧弹中缓缓充入氧气（速度太快，容易使煤样溅出燃烧皿），直到压力达到 2.8~3.0MPa，且充氧时间不得小于 15s；如果不慎使充氧压力超过 3.2MPa，应停止实验，放掉氧气后，重新充氧至 3.2MPa 以下。当钢瓶中氧气的压力降到

5.0MPa 以下时，充氧时间应酌量延长，当钢瓶中氧气压力低于 4.0MPa 时，应更换新的钢瓶氧气。

（4）往内筒中加入足够的蒸馏水，使氧弹盖的顶面（不包括突出的氧气阀和电极）淹没在水面以下 10~20mm。每次实验时水量应与标定热容量时一致（相差不超过 1g）。

水量最好用称量法测定。如用容量法测定，需对温度变化进行补正。还要恰当调节内筒水温，使到达终点时内筒比外筒高 1K 左右，使到达终点时内筒温度明显下降。外筒温度应尽量接近室温，相差不得超过 1.5K。

（5）把氧弹放入装好水的内筒中，如果氧弹内无气泡冒出，表明气密性良好，即可把内筒放在外筒的绝缘架上；如果氧弹内有气泡冒出，则表明有漏气处，此时应找出原因，加以纠正并重新充氧。然后接上点火电极插头，装上搅拌器和量热温度计，并盖上外筒筒盖。温度计的水银球对准氧弹主体的中部，温度计和搅拌器不能接触氧弹和内筒。靠近量热温度计的露出水银柱的部位，应另悬一支普通温度计，用来测定露出柱的温度。

（6）开动搅拌器，5min 后开始计时，同时读取内筒温度并立即通电点火，随后记录外筒温度（t_1）和露出柱温度（t_e）。外筒温度至少读到 0.05K（精度），借助放大镜将内筒温度读到 0.001K。读取温度时，视线、放大镜中线和水银柱顶端应位于同一水平，以避免视觉对读数的影响。每次读数前，应开动振荡器振动 3~5s。

（7）观察内筒温度（注意：点火后 20s 内不要把身体的任何部位伸到热量计上方）。

点火后，如果在 30s 内温度急剧上升，则表明点火成功。点火后 1′40″时读取一次内筒温度（$t_{1'40''}$），读准到 0.01K 即可。

（8）一般点火后约 7~8min 测热过程就将接近终点，接近终点时，开始按 1min 间隔读取内筒温度。读温度前开动振荡器，读准到 0.001K。以第一个下降温度作为终点温度（t_n）。实验主要阶段至此结束。

（9）停止搅拌，取出内筒和氧弹，开启放气阀，放出燃烧废气，打开氧弹仔细观察弹筒和燃烧皿内部，如果有试样燃烧不完的迹象（如：试样有飞溅）或有炭黑存在，实验作废。量出未烧完的点火丝长度，以便计算点火丝的实际消耗量。用蒸馏水充分冲洗氧弹内各部分、放气阀、燃烧皿内外和燃烧残渣。把全部洗液（共 100mL）收集在一个烧杯中供测硫使用。

B　绝热式热量计法

（1）按使用说明书安装和调节热量计。

（2）按照与恒温式热量计法相同的步骤准备试样。

（3）按照与恒温式热量计法相同的步骤准备氧弹。

（4）按照与恒温式热量计法相同的步骤称取内筒所需的水量。调节内筒水温时使其尽量接近室温，相差不要超过 5K，稍低于室温最理想。内筒温度太低，易使水蒸气凝结在内筒的外壁；温度过高，易造成内筒水蒸发过多。这都将给测量值带来误差。

（5）按照与恒温式热量计相同的步骤安放内筒和氧弹及装置搅拌器和温度计。

（6）开动搅拌器和外筒循环水泵，打开外筒冷却水和加热器开关。当内筒温度趋于稳定后，调节冷却水流速，使外筒加热器每分钟自动接通 3~5 次（由电流计或指示灯观察）。如果自动控温电路采用可控硅代替继电器，则冷却水的调节应以加热器中有微弱电流为准。

调好冷却水后，开始读取内筒温度，借助放大镜读到 0.001K，每次读数前，开动振荡器 3～5s。当以 1min 为间隔连续 3 次温度读数级差不超过 0.001K 时，即可通电点火，此时的温度即为点火温度 t_0。如果点不着火，可调节电桥平衡钮，直到内筒温度达到平衡后再行点火。

点火后 6～7min，再以 1min 间隔读取内筒温度，直到三次读数相差不超过 0.001K 为止，取最高的一次读数作为终点温度 t_n。

（7）关闭搅拌器和加热器（循环水泵继续开动），然后按照恒温式热量计法的步骤结束实验。

C　自动氧弹热量计法

（1）按照仪器说明书安装、调节热量计；

（2）按照与恒温式热量计法相同的步骤准备试样；

（3）按照与恒温式热量计法相同的步骤准备氧弹；

（4）按仪器操作说明书进行其余步骤的试样，然后按恒温式热量计法相同的步骤结束实验；

（5）实验结果被打印或显示后，校对输入。

8.3.4.6　实验记录和数据处理

A　实验记录

实验记录见表 8-23。

表 8-23　煤的发热量测定　　　　　　　　年　　月　　日

煤样编号		热容量 E		$t_0/℃$		$M_{ad}/\%$	
煤样质量/g		常数 K		$t_{1'40''}/℃$		$A_{ad}/\%$	
露出柱温度/℃		常数 A		$t_n/℃$		$Q_{b,ad}/J \cdot g^{-1}$	
基点温度/℃		n		$S_{b,ad}/\%$		$Q_{gr,ad}/J \cdot g^{-1}$	
点火时外筒温度/℃		NaOH 标准浓度/mol·L^{-1}		NaOH 溶液耗量/mL			
时间/min	内筒温度/℃	时间/min	内筒温度/℃	时间/min	内筒温度/℃	时间/min	内筒温度/℃
0		3		6		9	
1'40"		4		7		10	
2		5		8		11	

实验人员_____

B　数据处理

使用恒温式热量计时：

$$Q_{b,ad} = \frac{EH[(t_n + h_n) - (t_0 + h_0) + C] - (q_1 + q_2)}{M} \tag{8-19}$$

使用绝热式热量计时：

$$Q_{b,ad} = \frac{EH\left[(t_n + h_n) - (t_0 + h_0)\right] - (q_1 + q_2)}{m} \tag{8-20}$$

式中　$Q_{b,ad}$——空气干燥煤样的弹筒发热量，J/g；

　　　　E——热量计的热容，J/K；

　　　　q_1——点火热，J；

　　　　q_2——添加物（如包纸等）产生的总热量，J；

　　　　m——试样质量，g；

　　　　H——贝克曼温度计的平均分度值，使用数字显示温度计时，$H = 1$；

　　　　h_0——t_0 时的温度计刻度修正值，使用数字显示温度计时，$h_0 = 0$；

　　　　h_n——t_n 时的温度计刻度修正值，使用数字显示温度计时，$h_n = 0$。

C　结果的表述

弹筒发热量和高位发热量的结果计算到 1J/g，取高位发热量的两次重复测定的平均值，按 GB/T 483 数字修约规则修约到最接近的 10J/g 的倍数，按 J/g 或 MJ/kg 的形式报出。

温度校正和点火校正严格按照 GB/T 123—2008 执行。

8.3.4.7　精密度测定

发热量测定的精密度见表 8-24 规定。

表 8-24　发热量测定的精密度

高位发热量/J·g^{-1}	重复性限 $Q_{gr,ad}$	再现性临界差 $Q_{gr,d}$
	120	300

8.3.4.8　注意事项

（1）实验室应设在一单独房间内，不得在同一房间内同时进行其他实验项目。室温尽量保持恒定，每次测定室温变化不应超过 1℃，室温 15 ~ 35℃ 范围为宜。实验过程中应避免开启门窗。

（2）发热量测定中所用的氧弹必须经过耐压（不小于 20MPa）实验，并且充氧后保持完全气密。

（3）氧气瓶口不得沾有油污及其他易燃物，氧气瓶附近不得有明火。

参 考 文 献

［1］ 朱银惠 . 煤化学［M］. 北京：化学工业出版社，2005.

［2］ 何选明 . 煤化学（第 2 版）［M］. 北京：冶金工业出版社，2010.

［3］ 钟蕴英等 . 煤化学［M］. 徐州：中国矿业大学出版社，1989.

［4］ 陶著 . 煤化学［M］. 北京：冶金工业出版社，1984.

［5］ 程庆辉 . 煤炭产运销质量检测验收与选煤技术标准实用手册［M］. 北京：科海电子出版社，2003.

［6］ E. 斯塔赫，等 . 斯塔赫煤岩学教程［M］. 杨起等译 . 北京：煤炭工业出版社，1990.

［7］ 杨起，韩德馨 . 中国煤田地质学（上册）［M］. 北京：煤炭工业出版社，1979.

［8］ 武汉地质学院煤田教研室 . 煤田地质学（上册）［M］. 北京：地质出版社，1979.

［9］ 李英华 . 煤质分析应用技术指南［M］. 北京：中国标准出版社，1999.

［10］ 汤国龙 . 工业分析［M］. 北京：中国轻工业出版社，2004.

［11］ 白浚仁，等 . 煤质分析［M］. 北京：煤炭工业出版社，1990.

［12］ 张振勇，等 . 煤的配合加工与利用［M］. 徐州：中国矿业大学出版社，2000.

［13］ 关梦嫔，张双全 . 煤化学实验［M］. 徐州：中国矿业大学出版社，1993.

［14］ 朱之培，高晋生：煤化学［M］. 上海：上海科学技术出版社，1984.

［15］ 杨焕祥，廖玉枝 . 煤化学及煤质评价［M］. 北京：中国地质大学出版社，1990.

［16］ 陈鹏 . 中国煤炭性质、分类和利用［M］. 北京：化学工业出版社，2001.

［17］ 曹征彦 . 中国洁净煤技术［M］. 北京：中国物资出版社，1998.

［18］ 刘江 . 中国资源利用战略研究［M］. 北京：中国农业出版社，2003.

［19］ IEA. 世界能源评述 . 1998.

［20］ 中国能源发展展望 2002［M］. 北京：地质出版社，2003.

［21］ UNDP. 世界能源评述 . 1999.

［22］ 郭崇涛 . 煤化学［M］. 北京：化学工业出版社，1999.

［23］ 余达用，徐锁平 . 煤化学［M］. 北京：煤炭工业出版社，2000.

［24］ 李振祥 . 煤炭常用标准汇编［M］. 北京：煤炭工业出版社，2000.

［25］ 俞珠峰 . 洁净煤技术发展及应用［M］. 北京：化学工业出版社，2004.

［26］ 吴式瑜，岳胜云 . 选煤基本知识［M］. 北京：煤炭工业出版社，2003.

［27］ 贺永德 . 现代煤化工技术手册［M］. 北京：化学工业出版社，2004.

［28］ 谢克昌 . 煤的结构与反应性［M］. 北京：科学出版社，2002.

［29］ 中华人民共和国国家标准［M］. 北京：中国标准出版社，1997～2009.

冶金工业出版社部分图书推荐

书　　名	作　者	定价(元)
中国冶金百科全书·炭素材料	本书编委会	185.00
工程流体力学(第5版)	谢振华	45.00
物理化学(第4版)	王淑兰	45.00
热工测量仪表(第2版)	张　华	46.00
煤化学(第2版)	何选明	39.00
煤化学产品工艺学(第2版)	肖瑞华	46.00
炼焦学(第3版)	姚昭章	39.00
热能转换与利用(第2版)	汤学忠	32.00
燃料及燃烧(第2版)	韩昭沧	40.00
燃气工程	吕佐周	75.00
热工实验原理和技术	邢桂菊	25.00
物理化学(第2版)	邓基芹	36.00
物理化学实验	邓基芹	19.00
无机化学	邓基芹	36.00
无机化学实验	邓基芹	18.00
干熄焦生产操作与设备维护	罗时政	90.00
干熄焦技术问答	罗时政	49.00
炼焦设备检修与维护	魏松波	32.00
炼焦化学产品回收技术	何建平	59.00
炼焦新技术	潘立慧	56.00
干熄焦技术	潘立慧	58.00
焦炉煤气净化操作技术	高建业	30.00
炼焦煤性质与高炉焦炭质量	周师庸	29.00
煤焦油化工学(第2版)	肖瑞华	38.00
煤炭开采与清洁利用	徐宏祥	56.00
焦化废水无害化处理与回用技术	王绍文	28.00
钢铁工业废水资源回用技术与应用	王绍文	68.00
炭素工艺学(第2版)	何选明	45.00
炼焦化学产品生产技术问答	肖瑞华	39.00
炼焦技术问答	潘立慧	38.00
煤炭加工与清洁利用	胡文韬	40.00
煤的综合利用基本知识问答	向英温	38.00
煤矸石资源化利用技术	程芳琴	69.00